发现成功的自己

王铁军 李安茂 著

中国出版集团

世界图书出版公司

西安 北京 上海 广州

图书在版编目（CIP）数据

发现成功的自己 / 王铁军，李安茂著. —西安：世界图书出版西安有限公司，2014.1

ISBN 978 - 7 - 5100 - 6030 - 4

Ⅰ. ①发… Ⅱ. ①王… ②李… Ⅲ. ①成功心理—青年读物 Ⅳ. ①B848.4 - 49

中国版本图书馆 CIP 数据核字（2013）第 269959 号

发现成功的自己

作　　者	王铁军　李安茂
特邀策划	布衣书生
责任编辑	赵亚强
校　　对	余　敏
视觉设计	诗风文化

出版发行	世界图书出版西安有限公司
地　　址	西安市北大街 85 号
邮　　编	710003
电　　话	029 - 87233647（市场营销部）
	029 - 87235105（总编室）
传　　真	029 - 87279675
经　　销	全国各地新华书店
印　　刷	陕西天意印务有限责任公司
成品尺寸	240mm×170mm　1/16
印　　张	15
字　　数	200 千字

版　　次	2014 年 1 月第 1 版　2014 年 1 月第 1 次印刷
书　　号	ISBN 978 - 7 - 5100 - 6030 - 4
定　　价	29.80 元

序

　　生存与生活的经历，实际就是一部浩繁的人生哲学。面对着大千世界的变化，面对着生命成长的兴衰，人会产生多种感悟和意念，这其中寻求成功的人生，便是影响力最为深刻、最为持久且最为普遍的一个命题。成功对于人生而言，就仿佛是要去征服一座大山，向山顶迈进的每一步都可以视为是成功之举。不论是在山底摩拳擦掌，或是在半山征战犹酣，抑或是在山顶惊回首离天三尺三，一路进程都在演绎不断搏击、不断进取、不断成功的精彩人生。在本书的众多故事中你会看到，其实每个人都制定有自己的人生奋斗目标，尽管这些目标的设定会因人而异，因环境而异，但是努力追求成功这一点必定是共通的。

　　家庭教育、学校教育、社会教育都是一个人成才、成功必不可少的环节，尤其是家庭教育，更是青少年成才、成功的重要一环。而本书作者正用心于此，以其为学、从军、从政、从医、从商的丰富经历，把与孩子们成长直接相关的那些因素挑选出来，精选出部分具有指导意义的故事，结合作者身边的各类人与事，对其来进行分析和点评，指引青年才俊们发现成功的自己，走上成功的阶梯。

　　成功励志方面的书籍繁多，大多是一些商界成功人士不可复制的经历、经验，而渴望成功的青年志士盲目崇拜，照搬模仿，很多人被"撞得头破血流"，却始终未成功。其实，要想成功，练好基本功、开阔视野，是必不可少的。这本书与目前市场上的成功励志类图书完全不同，它为读者指明了成功的方向和必须具备的素质及能力，从富有哲理的故事中启发读者，为成功铺路。这本书有很重要的现实指导意义：第一，它符合心理科学和教育科学的规律。虽然属于科普性质的书籍，但是全书所涉及的内容符合现代心理科学和教育科学的科学性要求。其中包括心理学和教育学的知识，诸如发展心理学、儿童心理学、青年心理学、教育心理学有关的基本规律。第二，通俗性、科普性、趣味性都比较强。全书所涉及的内容基本都是青少年成长中的具体事例，表达朴实，情感真实，没有矫揉造作、牵强附会，让人阅读后感觉可信度高。第三，全书的连贯性强。本书几十万字，主题鲜明，观点一致，前后连贯，虽然是把很多事例凑在一起，但相互之间观点和文理互相连贯，没有出现矛盾，也不存在东拉西扯的现象，使人读来觉得连贯、通顺、亲切。

　　综上所述，我认为本书值得一读。希望本书能让更多的有志青年获得成长与成功的素养与动力，使得他们均能由此多多受益。

　　著名心理学专家、教育专家、陕西师范大学教授　　欧阳仑
　　国务院突出贡献专家特殊津贴终身享受者　　　　　2012.6.4

目　录

我不美慕那自由飞翔在蓝天上的苍鹰，我美慕那每一个奔驰在无际的思索中的思想。思想，是我们真正的财富。

　　　　　　　　　　　　　　　　　　　　　柯蓝

1 给思想以翅膀，让成功闪光芒

思想是指人们大脑中对现实客观世界集中的反映和真实的再现，它包括对时光的累积、对历史的镜像、对文化的积淀，是人们对客观事物由感性认识上升到理性认识的全部的思考过程，也是人类思维活动的更高级形式。

抛砖引玉：思想活动的积极进取和无拘无束，就像是在高空盘旋的鹰，会使人得到类似腾飞高空的十足底蕴和强盛力量。

上帝召开了一次聚会，想了解自从赐给动物们翅膀之后，它们各自都是如何使用的。

鹰说："我用翅膀在天空上翱翔，在这个高度里，所有的猎物都逃不出我的眼睛，因此我才能够无忧无虑地享受着生活乐趣。"

企鹅说："我已把翅膀变成了鳍，它使我和水中的鱼那样，能够在辽阔的海洋深处自由自在地来往与生存。"

鸵鸟说："我用双腿在荒漠里奔跑，这对翅膀从来没有派过多大用场，它背负在我的身上，似乎已成为装饰品或沉重的负担。"

………

上帝忽然发现现场还坐着个人，便向其发问道："你又没有翅膀，这会儿来这里有何事吗？"

人回答道："万能的上帝，虽然你并没赐予我翅膀，但是我的思想却始终在飞翔着，它可以带着我到任何脚步与翅膀均不可能到达的境地。"

上帝听闻感喟良久，然后向着动物们说道："我虽赐给了你们最珍贵的翅膀，可你们中间有些并没对其加以充分利用；我虽没有赐给人类翅膀，但他们却拥有着思想的飞翔，这是一切飞翔中最为崇高的翅膀。"

指点迷津：人类对于翅膀的钟情由来已久，人类对于翅膀的利用日新月异，现今人的足迹不是已踏上了往昔的神话境地——月球了吗？试想看若是人类缺少了思想的翅膀，这些人间奇迹还能够出现吗？你对于思想是怎么理解的，尽管这个词汇经常出现在你们的口语中，但是你真的就对其含义有着深入细致的理解吗？所谓思想，就是在生活、学习和工作中你大脑的反映、你大脑的活动、你大脑的思考，并通过这些来决定你的实际行为。面对着事物的出现及其变化，你的思想既是主动的，也是被动的，并且这种主动与被动之间还是可以出现变化的，实际这样的变化就是你接触与处理事务时的思想过程。你因事物的影响而去思考是被动的，而你的思考决定处理事务时将采取如何的行动这又是主动的，随着这样的变化反复出现，你的思想就在不断地进行着主动与被动的替换，在日积月累之后，你的思想便日臻趋于成熟。作为年轻人，你的思想有时也许会在青春梦想的天界中任意翱翔，也会有着许多的突发奇想，那么你就不要忽视它，不要轻易地就丢弃它，而是在它的飞翔高度去努力建立自己的理想王国，为日后成功地进取奠定厚实的思想基础。年轻人，舒展开你思想的翅膀，让你的思想在任意高度、任意空间，无拘无束地凌空翱翔吧。

抛砖引玉：其实，不论是聪慧者还是愚笨者都会有自己的思想，他们之间唯一的区别仅是在于各自都"想些什么"以及是"如何去想"的。存在决定意识，在生活中所谓的聪慧者和愚笨者的思想必然都是符合这条规律而存在的。

导游小姐领着一个旅游团参观，当参观到此地泉水中生长的某种独特的鱼时，她注意到有几位团员兴趣尤其浓厚，观察的也特别仔细。后来，大家乘车前往其他地方时，为了活跃气氛导游小姐就邀请这几位团员，给大家讲一讲有关那种独特鱼的即时感受。

首先发言的是位生物学者，他认为这种鱼之所以特别，皆是由于此地独特的自然环境，同时还阐述了自己对这种鱼是如何进化演变及如何繁殖生长的一些猜测和设想，同时也提及此类物种保护的重要性。

接着生物学者之后发言的是位美食家，他带着十分有感染力的表情，向大家认真介绍了关于这种鱼几个不同的烹食方法及如何才能非常有效地保持其鲜味不变的几手案板锅边的绝活。

最后发言的是位食品厂的厂长，他先是十分高兴地说这次旅游收获极大，然后又解释道："我认为这种鱼营养价值极为丰富，如果能够将其开发成一种保健食品，一定会有很好的市场前景。"

同是见到游在水中的鱼，生物学者因它的进化和演变而思想；美食者因它的如何美味而思想；经营者因它的市场赢利而思想。可见，人们的思想常是因人而异，因事而异，因环境而异的。

指点迷津：具有什么样的思想，便会产生什么样的行动，并相应获得什么样的结果。见异思迁、举一反三、得陇望蜀，这些形容词中，都包含有思想的意思，也都隐含着思想由何来的潜台词。这种"睹其物而思其意"的境况人皆有之，但是"睹其物而思其异"的人就少了许多，且能"睹其物而思其新"的人则更是凤毛麟角了，能够最先获取成功的人其实就属于这后者。你知道吗，人的思想是非常活跃的，且所面对的事物和环境越是多样化、越是复杂，则思想的变化就越是显得活跃而多变。你也许感觉到了，随着自己知识和阅历的增长，你的思想就显得越是活跃，思想支配行动的能力就越是凸显。尽管有时候对有些事物，你的思想表现仅是一闪念，但你是否知道在这一闪念之后又蕴藏着多么丰富和深厚的思想基础呢。所以，你在生活、学习和工作中要主动地养成勤想善思、多问好学的好习惯，这样一来你的思想能力才会不断地提高，才能够在你需要的时刻出现那般神奇的思想"翅膀"，引导着你在广袤的思维空间里任意翱翔，或许还会做出一番惊天动地的事业来。

抛砖引玉：成功者从来都不满足于人生"海洋"表面的"浪花"，总是对深层次的事物保持着一股旺盛的好奇心。他们对眼前所看到的一切都带有浓厚的兴趣，并愿意深钻细研地思索探求其中更深层次的奥秘，如此一来自然也常会有惊人的发现和制造出脱俗的创举。

闲来无事时，有位博士喜爱坐在屋外晒太阳。这时他总是能见到一只母猫，也在阳光下舒适地打着盹儿。

随着时间的流逝，太阳逐渐西移，树影渐渐拉长挡住了母猫身上的阳光。当母猫感觉到后就站起来伸伸慵懒的身躯，然后再转身移到另一处有阳光的地方，重新卧了下来又接着打盹儿。每隔一段时间，母猫都会随着阳光的转移而不停地变换着爬卧的地方。这一切原本都是自然而然，司空见惯的。可是博士的好奇心，却被母猫一连串的举动所唤起。他在积极地思考着：到底为什么母猫总是喜欢呆在阳光下？是光和热？还是起因于其他的什么原因？

思考良久，他终于有了结论：这一切皆是由于光和热的原因。

母猫既然喜欢呆在阳光下，表明光和热对它一定是有益的。那么人呢，光和热对人是不是也同样有益？这个想法在博士脑子里一闪而过。就是这一闪念，成为其后日光疗法的原始引发点。不久之后，世界上便诞生了日光疗法。这位幸运的博士，因为受到一只睡懒觉的猫的启示而发明了日光疗法，非常荣幸地获取了闻名世界的诺贝尔医学奖。

有个科学工作者因病，躺在医院的病床上休息。闲下来总觉得无聊，于是就把个人的注意力全部集中在一幅挂在墙上的地图上，不时随意地看着这张地图，并且边看还边思索着什么。有天，他看着看着，突然觉得大西洋两岸地形好像是互补的，南美大陆巴西东部突出的部分与非洲大陆西海岸的赤道几内亚、加蓬、安哥拉陷进的部分互相对应，竟然完全可以对拼在一起。

于是科学工作者为自己的突发奇想兴奋了好一阵子，并由此展开了一连串的深入思考：两块大陆原来是否连在一起？如果真是这样，那又是什么原因使它们彼此分开的？这时的他似乎完全忘记了自身的病痛，开始不顾一切的大量收集和研究有关地质学、古生物学的资料，最后终于证实了一个崭新的，对后来地质学、古生物学研究颇有影响力的理论：大陆板块漂移说。他就是德国科学家魏格纳先生。

无独有偶，有个科学工作者沿着果园的小路散步，他同往常那样一边走着，一边集中精力地思考着问题。忽然他觉得头顶一阵生痛，随后瞧见一个苹果应声落在了地面。于是他弯下腰去，捡起了这个砸了自己脑袋的苹果。就在他把苹果拿到手中的那个瞬间，有些疑问顿然显现于他的脑海：这个苹果为什么会自己从树上掉下来？为什么又是垂直下落的？在下落时它会受到什么样的外力影响？带着这些个疑问，科学工作者在进行了一系列的数学演算和物理实验之后，由此发现并证明了地球引力的物理现象，同时也对其给出了物理定律的确切描述。这个人就是大科学家牛顿先生。

指点迷津：试问，为什么人们天天见到晒太阳的猫，却只有博士发明出日光疗法？每天都有许多人在看世界地图，却只有魏格纳提出了大陆板块漂移说？如果那个苹果砸在你的头上，你是否也会像牛顿那样因此得到地球引力的发现呢？由此，人们可以得到一个极为有益的启示：思想就像是把万能的雕琢锐器，当你擅长于使用它的时候，才可以将眼前所有事物的粗糙外表逐一掀揭开来，而最终寻查到其中最为闪光、最为精华的部分。其实在很多时候，天才和普通人的区别就在于他们能比普通人更专注于勤思、善思。你若想获得成功就应该向博士、魏格纳与牛顿学习看齐，掌握他们那种善于动脑筋、善于钻研的精神，在平时学习与工作中，使得自己比别人更善观察、更善思考，且心甘情愿地为之付出足够多的艰辛与努力。

成功秘籍

　　每个时代都会有左右其发展的主导思想潮流，每个时代也会产生影响其发展的伟大思想家，并且这些都会在其所处的历史阶段留下深刻的印记。

　　成功者与一般人相比其思想不仅具有深度、广度和高度的区分，而且还会表现出非同寻常的成熟、开放与标新立异的特点。成功者因为经常置身于思想"高峰"高瞻远瞩，所以才能不断地体味到人生那种"会当凌绝顶，一览众山小"的意境，并与此同时获取"四两拨千斤"的丰厚收益。

　　成功者从来都不满足于人生瀚海表面的浪花，总是对深层次的事物保持着一股旺盛的好奇心。他们对眼前所看到的一切都带有浓厚的兴趣，并愿意深钻细研地探求其中更深层次的奥秘和目标，如此一来自然也常常会有惊人的发现和脱俗的创举。当人们在赞誉某个成功者时，常常会同时听到这样的评价和赞誉：他的确是一个具备创新思想能力，很有思想定力的人。

啊，有修养的人多快乐！甚至别人觉得是牺牲和痛苦的事情他也会满意、快乐；他的心随时都在欢跃，他有说不尽的欢乐！

　　　　　　　　　　　　（俄）车尔尼雪夫斯基

2 玉不雕琢不成器，人缺修养难成才

修养是人们对内心世界、思想意识、举止言谈等方面从内里到外表的一种约束性的、条理性的修行和历练，以使得个人素质在思想内涵、道德品质、接人待物和言谈举止等诸方面均能够达到十分优良的层次与表现。"修"意味潜移默化的训练，在于变化，在于改造；"养"意味厚积薄发的表现，在于累积，在于形成。修养必须要做到心净、神凝、意精、力尽，功到便自然成。

抛砖引玉：人们对于事物的认识程度，在某种意义上也是取决于其个人修养程度的深与浅；人们对某种事物采取什么态度，不同的修养境界会得出完全不同的选择来。那么，对于一件事物的态度孰对孰错究竟该如何判定呢？只有在修养获得一定的提升之后，方可真正做出比较正确的抉择来。

一个画家对儿子平素的表现非常失望。他并非埋怨儿子没有艺术细胞，不能像他那样挥毫作画，而是看不惯儿子昼夜颠倒，总是在大白天睡懒觉；讨厌儿子蓄留大胡子和长发，不修边幅的习风；更恼火儿子不征求他的意见，随意就辞去了公职。由于心存反感，所以不论儿子干什么他看上去均会感到很不顺眼。儿子贪恋计算机，他嘲讽儿子想当黑客；儿子从书店买回很多书，他取笑儿子装样撑门面儿；儿子同几个女孩子去酒吧，他警告儿子不要欺骗女孩子感情。鉴于这样的家庭待遇，儿子一气之下便登上了开往深圳的火车。

半年后的某天，画家见有个朋友要去深圳出差，便请他顺便打听打听儿子在深圳的下落：你若见他流落街头乞讨，就帮我带回来吧。他塞给朋友一些钱后，就又埋头去画他的画了。

一个月之后，在一个大雪纷飞的日子里，那朋友从深圳返回。画家见他并没有为自己带回儿子，脸上不免露出些茫然的神色。他朋友似乎并不急于要跟他说什么，而是拉着他一同外出去赏雪。外出后二人踏雪闲聊，朋友还给他讲了个笑话：俄国著名的现实主义画家列宾和他的一个朋友，也是在大雪之后的日子里出外散步，只见周围一派银装素裹。这位朋友看到路边雪地上有一小片黄色的污渍，显然是狗所留下的尿痕，就用靴尖挑起雪把这片污渍遮盖了。不料，列宾见到此状后却异常生气地埋怨着朋友：几天来我总要到这里来，欣赏雪地中这一片最美丽的琥珀色。

画家听了这个笑话心情有所好转，有些激动地说："画家的眼睛就是不同于普通人的眼睛。列宾所以会这样去看那片狗留下的尿痕，是因为他有深刻的艺术修养，完全是在用一种艺术的眼光和思路，多角度去领悟自然界的美感，所以他才能将其看作并形容为雪景中'美丽的琥珀色'，而缺少艺术修养的人是绝对不会产生这般浪漫情怀与感觉的！"

听到画家的感叹，这时朋友认为火候到了，便责问画家："那你怎么就不能调动自己对生活的修养，用另一种眼光、另一种思路、另一个角度去全面领悟自己的儿子呢？你为什么总是把他的举止视同于

'狗尿污渍'，而不愿将其欣赏为最美丽的'琥珀色'呢？"

听了朋友的这段话后，画家顿时愣住了。

朋友这才一五一十地诉说了他去深圳的所见所闻。

画家的儿子带着500元钱到深圳后，除去车费和路上的开销，钱包里只剩下200多元钱。他先是在人才市场一家旅馆租住10元/天的床铺，每天两餐分别以两个馒头和一瓶矿泉水充饥。由于数日的求职均告落空，再加之没钱去租住旅馆了，索性就钻进公路天桥的桥洞里睡了半个月。为了谋生他用身上仅剩下的20元买了几根甘蔗、一个小桶、一把刨刀，在街上叫卖起甘蔗来……

听到这里画家眼圈略微发红，但还是嘴硬："他活该！自讨苦吃。"接着又责怪朋友："那你怎么还不把他带回来？"

朋友接着说："这仅是故事的开始，后来你儿子有了转机，在一家杂志社当了编辑。他白天组稿、编稿、拉广告，夜晚常写稿到凌晨1点多，由于工作业绩好，社长已把他的月薪加到2000多元。现在，他正涉足广告业，还发表了50多万字的中短篇小说，已开始做起自己的'蛋糕'，据说最近与某商家签约了一项广告合同，拿到了8万元的提成，挖到了涉足深圳后的'第一桶金'。"

画家此刻陷入沉思，朋友见状也就起身告辞了。

半月之后，画家和朋友又见面了，没等朋友开口，画家就带着既愧疚又高兴的复杂表情说："我已和儿子联系上了，这小子还真算得上是那种最美丽的琥珀色。"

指点迷津：画家对儿子看法的这类事，在现今社会与家庭真的很具普遍性。为什么做父母的，会对孩子们的举动产生某些怀疑和排斥呢？恐怕除去做父母履行教育子女的责任外，关键就在于父母个人的修养是处于怎样的层次。两代人之间会有代沟存在，尤其是进入信息和创新时代，世界变化不仅大而且快，新生事物可以说层出不穷，如果做父母的不能在这些方面及时地提高自身的修养，那么这种代沟就必定会逐步加深，从而阻碍两代人情感的、意识的通畅交流。而家长们的那些望子成龙的良好愿望，也会因为自身的某些误解被大打折扣，甚至于家长们对孩子身上具有的"琥珀色"视而不见。如果，你的父母也是这样来看待你的话，你就应该多与父母进行沟通交流，在此基础上去坚持或履行自身那些正确的想法与做法，这样便会促使事情向更好的方向发展。你对个人的修养也要经常地进行品察，个人修养的程度将会决定你做事的态度和与他人进行沟通时的心态取向。假如个人修养很好那么做起事来就会顺当，处理人们之间的关系也会恰到好处，而且个人的心情也会很舒畅的。

抛砖引玉：生活中总会有那么一种人，不论什么都喜欢选择大的，比如说大话、贪大功、慕大名、吃大块肉、喝大杯酒等，表面看似乎是他们的占有欲过于强势，但若是从其内里进行一番分析，则不难看到这些皆是由于缺少了必要的人生修养而导致的。

有个青年向一位成功者请教成功之道。

自发问后，并未见成功者有做滔滔泛言的迹象，相反让青年没想到的是，成功者仅是拿出了三块被切得大小不等的西瓜，放在青年的面前请他品尝，并同时指着西瓜说道："假如你面前的每块西瓜均代表着某种程度的利益，那么你会选择哪块？"

"自然是最大的那块！"青年毫不犹豫地就作答了。

成功者带着微笑继续说："那好，就请你先选拿吧！"

于是青年拿起了最大的那块西瓜，而成功者自己跟随其后拿起最小的那块西瓜，一同吃起来。

成功者很快就吃完手中的瓜，随后就又拿起剩下的那块西瓜得意地在青年眼前晃了晃后，接着继续大口地吃了起来。

这时，口里还含着西瓜的青年马上就明白了成功者请吃西瓜的实际含意：成功者选吃的西瓜虽然不如我所选中的瓜大，但最终他却比自己要吃得多。正如他所说的，如果每块西瓜代表某种程度的利益，那么成功者所占有的利益自然要比我更多一些。

吃完西瓜，成功者对青年说："你瞧，这就是我所感悟的成功之道。"

凡事物都有其内在规律可循，大和小也都是随时处在矛盾运动及变化中的，所以它们彼此间存在着既相互关联又相互制约的关系。并且在有些场合与环境之下，人们兴许就不能随心所欲地对其加以选择与取舍，当大与小之间的转换发生之后，原本属于大的东西会变小，而原本为小的东西亦复在变大。

譬如人的野心大了，所能享受到的自由空间就会减少；当自我膨胀越是增加，自知之明就会越是减少；说话口气愈是大的人，其自信心必然愈是偏小，正所谓"夸口海大，志气短小"；微小的冲突历经日积月累，则必定会激化成日后的较大危机。

反之亦然，假如你能够把自我膨胀缩小一点，就会不难发现世界原来的确很大；人若是对于物质世界的奢求愈少，则内心世界的快乐感觉就会愈大；你若是愈少私下参与议论他人的长短，则胸怀就自然会变得愈大；你和他人较真式的攀比越是少，对自我现状的满足感就会越是多。

指点迷津：在诸多的大和小的变化中，其实隐含着人们的一种境界，而这种境界所表现出的高低与否，又是与人们修养的薄厚程度有着密不可分的直接关联。修养根基深厚者，对大事物的小变化往往有着非常准确的预知性，特别是对行将发生变化的那些关键点的把握会是非常地及时与准确的，这便使得他们有更多的机会去获取成功。譬如人生常会出现对立的两方面：工作与悠闲、事业与享受、守礼与陶情、谨慎与潇洒、拘泥与放逸、应酬与隐居等，你对于这些现象不必回避和惧怕。其实，只有当你面对着这些矛盾时，在内心才会产生一张一弛的生存节奏感，就好比是时之有寒暑、日之有晦明、天之有晴雨、海之有潮汐、音之有节奏那般，生活也才能因此显见曲折与丰盛。老子就深明此理，所以他认定：天之道就是损有余以补不足，而人之道是损不足以奉有余。所谓"塞翁失马，焉知非福"的典故，讲的也正是这个常理。你若想看透事物大小变化的这般规律和影响力，那么就一定要让自己经常地戴着修养的"眼镜"，去仔细地观察和明确地分辨发生在身边的种种变化，应小则小，该大则大，从而向着成功的目标不断稳步行进。

抛砖引玉：良好的修养会产生良好的行为，这种行为的影响力会使得整个环境与社会发生根本性改变，当每个人的行为都反映出良好的修养时，社会环境便会到处都充满和谐的氛围。

有座非常现代化的城市，市内不仅高楼林立，车水马龙，而且随处均异常的清洁干净。与这种雅致美好的城市特色与景色同时呈现于世人面前的，还有一个曾发生在这座城市里的感人肺腑的真实故事。谁听到这段故事后都会肃然起敬，都会加深了解到这座城市所具有的优雅的文化内涵。

这是关于一对母女的故事。

有一天，这对母女行走在城市的街道上，年轻的妈妈不仅貌美且气质娴雅，嘴角上则显露着幸福的微笑。跟在她身边那个四五岁的女孩是她的女儿，小女孩身穿一套白纱裙，头上还扎着两个好看的蝴蝶结，如同天使一般地贴在母亲身边嬉闹撒娇。此刻，她一只手拿着一支冰淇淋，另一只手被妈妈牵着，一蹦一跳地向前走着，母女俩如同往常一样沉浸在慈爱与幸福的欢乐中。

忽然间，她们同时停下了行进的脚步。原来，是女孩把冰淇淋的包装纸扔在了地上。人们只见年轻的妈妈指着地上那张包装纸，在跟女儿和气地讲解着些什么，随后小女孩弯下腰去把包装纸捡了起来，并且母女俩开始四处张望着寻找垃圾箱。

这时，只见小女孩手指着马路对面向妈妈示意，原来她发现路那边有个垃圾箱。其实，年轻的妈妈早就看见了，但她不想让女儿自己单独经历过马路的风险，还是认为能找到在马路这边的垃圾箱为好。可是，这边附近的确没有见到垃圾箱。她犹豫片刻后，最终还是冲着马路对面点了点头，表示同意小女孩把包装纸扔进那个垃圾箱里。

得到妈妈的应准后，小女孩拿着包装纸向马路那边走去。但是，就在此刻意外降临，有辆小汽车突然冲着小女孩疾驶过来，随着一阵急促的刹车声，人们见到小女孩倒在了一片血泊中……

自从小女孩死后，年轻的妈妈就有些精神失常了，人们会经常看见她在女儿出事的地方来回地捡废纸、捡树枝落叶，然后将其扔进垃圾箱里。即使一时没有了垃圾可捡，她也仍会静静坐在那里，一动不动地看着街面。

城市里的人们都知道了这件事后，纷纷从中受到极大的震撼和教育，并且从此后真的就不再有人随处乱扔垃圾了。市政府在那段街面专门为小女孩的妈妈安置了座椅和遮阳伞，人们也自发组织起来照顾她的生活。而且在城市每处垃圾箱上，都镶嵌有小女孩的照片，市民们说大家也很怀念故去的小女孩，很感激她们母女俩，因为是她们的行为促使我们这座城市改换成现在这番新的景象。

指点迷津：一个人的优良修养素质，往往能够深刻地影响到其他的人，并且也因此能够在社群之中蔚成优良风气，由此可见修养也是具有十分强大的能量的。这种能量常是由人们的精神世界所焕发出来，然后对世人产生一种冲击力，并促进社会的完美与和谐。当你在受到父母、老师、朋友等人的良好修养的影响与感化时，是否也总会是如同小女孩那般欣然地接受呢？当你在日益改善的生活环境中，享有全新物质世界的满足时，是否也同时在修养方面随之跟进改变，而去享有全新精神世界的满足呢？小女孩的行为就是属于公德意识的表现，这种意识往往凝聚和体现着人们的文化修养和素质所处的程度，一般而言修养和素质越是高，这种公德意识的表现就越是自觉普遍。仔细想想看，当你站在十字路口面对红灯的时候，是耐心等待绿灯亮了再通行，还是不管不顾地去闯红灯呢；当大家都在排队买车票，你是否无视眼前的队列非要去加塞先买呢；当走在大街上，你是不是经常就把手中的废弃物随意丢在地上呢，其实这些现象很普遍且随处可见。当你看了本故事之后，若是再次见到它们时，你将又会是怎样想和怎样去做呢？你要注意，此刻正是加强个人修养的良机。

抛砖引玉：有些人不需要高谈阔论，不需要特别表现，仅是通过某些很平常的举止言谈，就足可以影响与征服人心。如果你愿意对这些举止言谈进行深度分析，就不难发现在他们这般平常举止中，实际隐含着非同寻常的个人修养。

在某次由某公司举办的演示会上，有名细心的与会记者观察体会到了一种表现在人文修养之间的强烈反差。

事情是这样的，演示会中间有个休息安排，这时百十来位听众三五成群地聚集在大厅里相互交谈，人声喧哗，摩肩接踵，就像是一个热闹的早集市。这时，一个身着笔挺西服，有着一头金发的外国人出现在会议室门口。他扫了一眼熙熙攘攘的人群，略微迟钝后还是走了出来。只见他小心翼翼地进入人群左躲右闪着，脸上仍挂着自然的微笑，在人缝中慢慢地穿行。这期间，他向每个与他目光接触的人点头致意，如果遇有谁在前面挡住了去路，他就会停下来等待其让路，而决不像有些人习惯于伸手将众人拨分开。在经过一段多曲线路径的穿行，并且绕了较大的一个弯后，他才向记者所站的大门口走了过来。记者对于他的行为早已关注多时，便侧身主动给他让开了通行道。他见此状后，便朝着记者微笑着点了点头，当经过记者身边时还轻声说了句"Thank you"。

记者这时情不自禁地对身旁的人们说，你们瞧瞧这个老外，他在人群中腾挪移动时，就已把个人的修养和素质向众人展现得一清二楚。

指点迷津：在对待和处理日常事务时，大家都会按照某些习惯动作去做。这些习惯在不同的场合中使用时，对他人和所处环境的影响是不同的，有时是有益无害的，但有时却是有害无益的。譬如本故事中将众人分开的举动，若是在某个抢险场合，不顾个人安危分开众人冲上前那就是一种壮举；但是用在故事中的场合，毫不客气地拨开挡在自己眼前的人那就是一种鲁莽无礼。那么，该如何正确判断与区分什么场合应该怎么做呢？你所具有的修养就是最好的"选择器"，选择是否合理正确，就全在于你个人的修养处在什么样的层次。你的一举一动总会被身边的人们所看到，然后据此对你产生相应的印象，你若想把好印象留在人们眼中，那么就应该以良好的举止言谈展现在众人面前，为了能够做到这些你必定要去进行自我约束、自我调整、自我优化，其实这也就正是你的修养过程。

抛砖引玉：社会存在决定着人的社会意识，而社会意识又随时随刻地影响着人的修养程度。如果我们把修养比喻为"一条船"，那么素质就是"船下的海"，它们之间的关系便是：逢高一起涨，遇低一起落。

"9·11事件"是在美国发生的一场突如其来的巨大灾难，在这个生死关头不仅仅是生命遭受到非常严重的摧残，同时还展现出许多人生修养的璀璨闪光点。

譬如，当人们接到撤离起火大厦的通知后，便纷纷开始涌向人行通道。由于一时间需要疏散的人员非常多，人们撤离至20楼至30楼这个区间时，就已经开始显得十分拥挤阻塞了。尽管此刻大火还在汹汹蔓延，爆炸声不断响起，人们内心也都十分明白他们面临的处境十分险恶，生命随时都会受到严峻威胁，这是一次艰难的避险逃生。但也正是在此刻，大家仍然尽量地保持着镇定的情绪，非常有秩序地依次向楼下走着、移动着。不但没有一个人不顾他人而自己率先夺路逃命，相反还时常见到有人在相互帮携、相互搀扶，并不时地主动给抬下来的伤员让出先行的通道。

透过这些历经生死关头的人们的举动，你足可深刻地体会到，良好的修养和良好的素质所产生的能量是何等的巨大。

指点迷津：良好的修养和素质，在某种程度上完全可以帮助人们战胜险恶的困境。试想，若是当时大家都争先恐后地夺路而逃，恐怕就会引致疏散场面失控，并可能堵死所有逃生的路，导致更多的生命因此走向死亡。所以，那天在场的那些有秩序撤离险境的人，都是足可尊敬的、有着良好修养的人。不论是谁，你只要是在这类场合也像他们那样去做了，那么你的修养就一定是优良的。另外，你还应该意识到这些人的表现并非一时兴起，并非是要做做样子，而是其日积月累修养的集大成表现。在修养方面也可以借用"养兵千日，用兵一时"的比喻，你现在自身的修养达到怎样的程度，日后你在处理各项事务时的表现就会给出真实的反映，只要你具备及拥有了这种能量，人们便对你日后将取得较大成功不会再有任何的疑虑。

抛砖引玉：修养是时积日久的事情，通过单独的一件事情，人们修养的全貌不可能被全部真实地反映出来。但是，在一件多次重复发生的事情之上，便足可清楚地看到人们修养的程度。

有对中国夫妇多年居住于悉尼，他们非常满意那里的生活环境和生活条件，唯一心存遗憾的是始终不能实现在异国生个孩子的强烈愿望。

对此，他们觉得很奇怪，因为两人的身体都很好，况且又同是处在生育的最佳时期。他们多次找中医和西医进行了检查和诊治，但始终就是查不出个所以然来。最后，还是位细心的老医生在诊治时问：

"你们在悉尼平时的饮食有什么特别之处吗？"夫妇俩闻讯给出的回答有些吞吞吐吐，仿佛是有意回避着某些难言之隐。但是在医生的一再追问下，他们才不好意思地说出了一件事。

原来，在他们的居住地附近有个公园，公园的草地上经常会停落着一群野鸽子，为了补养身子他们时常会偷偷地抓几只来烹食。医生听完后便恍然大悟，他们二人的症结终于找到了。接下来在医生的悉心指导下，一年后这对夫妇终于高兴地有了自己的孩子。

悉尼人的环境保护意识非常强烈，城市里不仅到处绿树成荫，而且鸽子成群出没。出于环保意识，这里的人们非常爱护这些动物，并和它们长期友好相处。于是，这便产生了一个问题，那就是这些鸽子的繁殖速度太快、繁殖数量太多，一时间简直就到了"鸽满为患"的境地。所以，悉尼政府及环保专家就想出个预防措施来，长期给鸽子喂吃避孕药，由此来限制其过强的繁殖能力。这样，在鸽子体内自然会含有避孕药的成分，那对夫妻俩长期烹食鸽子，所以才导致始终不孕的后果。

指点迷津：当人的修养和素质处在不良状态时，所做出的某些不检点的行为，兴许在缺乏自我意识的前提下，已经对自身产生某些潜移默化的误导甚至是伤害。就好像是一条大堤存在某些蚁穴，在风调雨顺时显得无关紧要，一旦遇到洪水涨发后，就将会因其存在而面临着决堤的危险。你如果也有这样的经历，就尽快地醒悟起来，加强修养防患于未然。那些小细节问题一般很容易被你所忽视，一两次的出现可能还不至于影响到你的学习与工作，但是假如总是反复地出现，那么就会对你产生严重的影响，使得你的学习与工作不能够正常进行下去。就如同这对夫妻那般，他们长期烹食鸽子却不知自身不孕的原因是在何处。其实，修养所针对的也不外乎就是这些小细节问题，这会使你通过在小细节问题上的自我约束来反映出良好的个人素质。其实在生活习惯和生活方式上存在的差距，是不足为怪且可以令人接受的，因为世界本身就是多极化的。但是，对于在修养方面存在的差距，你就必须引起足够的警觉与重视，因为这会直接影响到个人、国家乃至于整个民族的整体形象。你若是想要始终留给外人良好的形象，那么就应加强自我的修炼，提升内功，你的这种历练越是持久，你面对公众的形象就越是完好而无瑕疵。人的行为举止是受其思想所支配的，而思想又会受到习俗习惯、人生观与个人修养的影响，假如你的修养能达到较高境界，那么你的思想也会是处于较高境界，在这样的思想支配下所产生的行为举止，自然会为你赢得较多的赞扬声和成功机会。

成功秘籍

行为举止上的差距，其来源在于那些习俗与习惯，而根源则在于修养和思想深处。自我约束与文明举止，不是强加于某人身上的，而是产生于其良好的自我修养。

修养与人们所处的客观环境有着直接的对应关系，就如同存在决定意识的说法那样，存在同样也影响着人们的修养。

人的修养程度可以见诸多方面的具体表现，而且每一种表现都能从某个侧面，准确地反映出一个人的某种素质和某种境界。与此相同，人们对于事物的认知程度、理解程度及经验总结，也会因为个人修养的不同而产生很大的区别。往往从这些区别之中，便不难看到每个人修养的方式、修养的轨迹与修养的程度。

修养是件在人生中无处不在、随处可见的事情，它必将潜移默化地引导和规范人的精神境界与举止言行。修养也是件在人生中有始无终的事情，它必将跟随人的一生而逐步成熟和提高。当你走向成功之路时，一定要记住：生命之花，修养裁剪；生命画卷，修养彩绘；生命有限，修养无界。

多读些书，让自己多有一点自信，加上你因了解人情世故而产生的一种对人对物的爱与宽恕的涵养。那时，你自然就会有一种从容不迫、雍容高雅的风度。

（美）罗兰

3 保持平常心态,迎接成功人生

人们所接触的客观事物层出不穷、种类浩繁、错综复杂,必定会引起人们内心世界的活动,并由此产生相应的意识和共鸣,这种内心活动的状态就是所说的心态。人们常会经受各种客观事物的刺激,这便会对人的心态产生很大的影响。此时,能否保持良好、稳定的心态,是与每个人自身性格和修养有着直接关联的。一般说来,性格和修养好的人,其心态表现稳定,不易受外界干扰,而且承受能力极强;反之,性格和修养均较差的人,其心态表现极不稳定,而且很易受外界的干扰,承受能力相应较弱。

抛砖引玉: 由心态所表现出的能量是显而易见的。比如一次重要考试,心态稳定便会有好的发挥,取得好的成绩;在一场激烈无比的体育比赛中,双方实力非常接近,那么胜出的那一方所依靠的就是稳定的心态。此外,心态还可以创造美好的人生景致,足以让人们为之震撼与感动。

在西雅图残疾人运动会上，人们见到几名特别的参赛者已经站立在起跑线上，他们全都是身体和智力方面带有某些缺陷的孩子。

当起跑枪声响过，所有的孩子都奋力地跑了起来。其实确切地说，他们因受到身体缺陷的限制，并不是在进行真正意义上的那种跑，可现在人们所看到的是他们都在那儿满心欢喜地"跑着"，并也都是希望冲过前面的终点线。

突然，有个男孩儿跌倒在跑道上了，只见他顽强地爬了起来接着跑，可没迈出几步又再次跌倒了，他继而又是顽强地爬起来……历经过多次反复摔跤后，男孩儿终于哭了起来。其他几个孩子听到男孩儿的哭声，不约而同地都放慢速度停了下来，然后又都开始转身向回跑，无一例外。

其中一个女孩不顾自己"恐低综合征"的缺陷居然弯下腰来，在男孩儿脸上轻轻吻了一下说："这兴许会让你感觉好些。"

随后，几个孩子手挽着手，又一起向终点跑去。

这时，体育馆内几乎所有的观众都站立起来，掌声和鼓舞声在体育场上空回旋着，经久不息。

指点迷津：高尚的志向，能使人精神升华，能使人的心态稳若泰山，并终将获取高尚品格的正果。当那些身带残障的孩子们跑向终点线时，支撑着他们那看上去歪歪扭扭孱弱身体的能量，其实就是他们的那种豁达平定的心态。此刻，他们不去在乎身体怎样，不去在乎谁跑得有多快，不去在乎随时会摔倒失败，唯一在乎的是无论怎样也要向前面的终点线跑去。你应该从这个故事中领悟到：人有先天的缺陷和后天的不足，虽然实属人生遗憾，但这并不十分可怕，并不代表着因此失去了一切；最可怕的是人心态的不端，心灵的沃野被沙化；最遗憾的是人意志的严重流失和精神上的彻底崩溃。所以，你要是再遇到困难和挫折时，要是再面对自我的不足与失误时，就先要在内心问问自己那些残疾者都能做到的事情，对于一个健康的正常人来说真的会很难吗？

抛砖引玉：由于心态的误导，有时常会造成某个人在某方面的大错。例如有人经商，不是在选择经营项目时，结合自己的特长，深入市场研究，细心观察消费者需求，掌握市场发展规律，然后再精心策划做出正确的选择；而是采取哪个赚钱快，就去干哪个的不正确的经营心态。结果，今天见东家赚了钱，就急着去学东家；明天见西家赚了钱，就又返身跟着学西家，就这样的换来转去，最后不但没有赚到多少钱，反倒会是赔得一干二净。

一夜之间，刚从祖父那里继承庄园的保罗·迪克，陷入了一筹莫展的绝境。因为，由一场雷电引发的山火无情地烧毁了那个属于他的美丽的"森林庄园"。因为经受不住这种突如其来的严酷打击，保罗·迪克整日长吁短叹，捶胸顿足，茶饭不思，闭门不出，不几日人就已经显得表情呆痴，身心孱弱了。

大家原以为随着时间的推移，保罗·迪克会渐渐遗忘这个糟糕的境遇。谁知都一个多月过去了，他的情况却是更加的糟糕，在人们眼中他仿佛一下就年老了几十岁，两鬓也已略见斑白。年逾古稀的外祖母获悉此事后，就特意赶来劝慰和开导这个深陷困境的年轻人。外祖母见到保罗后意味深长地对他说："小伙子，我这一生也经历了很多的挫折，有些还异常地惨重痛苦，相比之下即使你的庄园成为废墟也不及我的那些苦难深重。我想对你而言最可怕、最可悲的是你的心灵因此被蒙上了灰尘，它使你的双眼失去了往日的敏锐光泽，而用这样的眼睛去看世界、看困境，又怎么能够及时地看得到出现在眼前的希望呢……"

终于，在外祖母劝说下保罗情绪开始出现了一些转机，他沉思不语地一个人走出家门、走出庄园。就在他漫无目标闲逛到一条街道拐弯处时，看见有家店铺门口许多人头在涌动，熙熙攘攘，人来人往的显得十分热闹。于是，就走过去想探看究竟何因。当走近一瞧，才知晓原来是些家庭主妇们挤在那里争购木炭。听着叫卖声浪此起彼伏，看着那一块块躺在纸箱里的木炭，保罗的眼前忽然一亮，就在这一瞬间他似乎看到了某种希望。

保罗在接下来的两个星期里，花高价钱雇来几个烧炭工，将庄园里被雷电之火烧毁的那些优质树木加工成优质的木炭，然后直接送到集市上的木炭经销店。结果，优质木炭很快就被抢购一空，他也因此赚到了一笔不菲的钱财。接下来他用这笔收入去专门购买了一大批优质新树苗栽进庄园，就这样往复几个回合后一个崭新的庄园又开始初具规模了。几年之后，"森林公园"再度林木丛生，绿意盎然。

指点迷津：保罗遭遇重大挫折及重新站起恢复家园的过程，就是其心态从不成熟逐步走向成熟的过程，也是消除不良心态误导，在正确心态引导下逐步完成人生凤凰涅槃般裂变的过程。当他在痛苦煎熬中迷失心态时，那些被烧毁的树木便宛若插在胸中的利剑，更加剧他痛苦的感觉；当他在外祖母开导下找回迷失的心态后，那些被烧毁的树木便宛若降福引路的天使，让他看见了重生的光明。由此足以显见，心态对于人生道路的正确抉择和对事物演变的正确分辨，该是何等的重要啊。你在生活、学习和工作中，照样也会有低潮期或遇到失败挫折的时候，每当这个时节心态的变化与取向就足可确定今后的发展趋势。你如果不想让自己的眼光衰竭，心灵荒芜，不想陷入心态迷失的困顿中去，不想因此错失东山再起的良机，那你就应该及时抛弃自己身上可能会出现的前一种保罗的影子，而去改换或循行后一种保罗的那种积极处事的心态。

抛砖引玉：良好的心态具有很大的包容性，它能够将由各种不良事物引发的各种不良情绪，逐一都贴上快乐的标签，然后给予正面的梳理与引导，当其再返回到人们心中时，却已是截然不同的另一番新感觉了。

有一只老猫整日忧心忡忡，愁眉不展的。它总是在想着自己的那些个烦心事，于是觉得这世界上最不幸的就算是自己了。

有一天，它看到有只小猫在那里正转圈地追赶自己的尾巴，并且玩得那样乐不可支。老猫很奇怪便上前问："小家伙，是什么原因会让你拥有这等程度的快乐呢？"小猫闻讯则仰起头来顽皮地回答："我是很快乐呀，因为我是在捕捉尾巴上的快乐。"

于是回到家后，老猫也试着学小猫那样转着圈地追赶自己的尾巴，果然顿时就觉得心情轻松了许多，并且越是转就越是快乐。老猫这才恍然大悟：嗯哼，原来快乐全都拴在这尾巴上！

当然，这仅是个由人们杜撰的笑话。

但是，快乐的确真的是可以人为制造的。遵循这样的观念，毫无疑问人们就会发现自己身边确实存有许多快乐的"尾巴"。譬如清晨早起外出去呼吸大自然的新鲜空气，晚上家人聚会共进一顿可口丰盛的晚餐，临睡前能和相爱的人真诚地互致晚安。你瞧，在这些事物进程中不都是存有可以将快乐随时随地牵引到你身边的那条"尾巴"吗。

指点迷津：你要寻求快乐，就和快乐的人在一起；你要寻求健康，就和健康的人在一起。从某种意义上说，健康快乐的心态会如同高山、恰似海洋那样经年永存。其实就在我们的周围快乐随处皆有，例如，口渴时送来的一杯水，酷热时吹来的一阵风……曾有组织以"世界上谁最快乐？"为主题，在人口集中的大城市进行过一次覆盖面十分广泛的社会调查，结果收集到了数以万计的答案，经过组织者认真对比分析，大家认为其中有四份答案表达最为准确精辟，它们分别是：在给婴儿洗澡的母亲；正在沙地里爬滚着堆城堡的孩子们；经历了数小时的劳累手术，终于成功救治了病人的外科大夫；吹着轻松的口哨，在欣赏着自己刚完成作品的艺术家。你看，这些事例中的主体经历事物的心态都是同样的，对自己的行为所产生的结果皆是十分满足的。那么反过来去想，你如果能够不断地去为人为己制造出这样的满足感，不就等于是快乐会连续不断地出现在你身边吗。重要的是这样一来，你就能以健康的心态去经营自己的成功人生。人的喜怒哀乐皆有渊源，那种没有任何原因而喜怒哀乐者，在现实生活中是不存在的，因为即使是主观意识失控的傻子，他的喜怒哀乐也是在外界刺激下才产生的。那么，你在遇到喜怒哀乐事物时，不妨先去正本溯源，当找到其真正的起因后，再加以针锋相对的控制，这样一来对心态的取向兴许会好很多。人们调整调动客观事物的能力会受到外界条件的限制，但是人们调整调动主观意识的能力却可以少受或者不受外界条件的限制。比如上班，别人开私家车你骑自行车，你若是因这般难于短时内缩小的客观差距总是感到愤愤不平，那就会渐渐地失去快乐的心态；你若是坦然承认这样的客观差距，让自己的主观意识多从骑自行车的众多好处方面去想去看，那么你快乐的心态就不会因此而改变。你不信是吗，那你就去实际地试试看吧。

抛砖引玉：成功者对心态的取向，常常是表现得既科学又合理。科学是指对主观、对客观事物能做出正确的估量，对事物发展规律能有准确的把握，对事物发展趋势能有清醒的认识，对做一件事成功或失败的几率能有充分的预测。合理是指去做有能力做成的事，做有利于自身发展的事，正确看待他人的成功，正确对待自己的不足。因此，成功者做起事来，总是能较为顺利地排除各种干扰，胸有成竹，稳步进展，走向成功。

两个乡下人外出打工，一个要去上海，另一个准备去北京。可是在候车大厅等车时，又都改变了各自的主意，因为他们各自打听到：上海人很精明，外地人问路都还要收费；北京人质朴，遇见吃不上饭的人不仅给馒头充饥，还送些旧衣物御寒。

原先要去上海的人想：那还是北京好，即使在那里挣不到钱，也不至于会饿死，幸亏这火车还没开动，不然真要跳进困苦的火坑了。原先要去北京的人想：那还是上海好，若连给人家指路都能挣到钱，这赚钱的机会岂不太多了，幸亏还没有上火车，不然的话真会失去一次努力致富的机会。于是他们两人在退票处相遇了。经互相打问，正好可以各遂其心愿，于是就私下交换了双方的火车票。

到北京后，去了北京的人发现此地果然是好。在他初到北京的一个月，尽管什么事都没干，竟然还真的没被饿着。不仅银行大厅里的太空水可以白喝，而且大商场里欢迎品尝的点心也可以白吃。于是，去了北京的人就这样不时地混吃混喝，三天打鱼，两天晒网，虽然没赚到什么大钱，但解决温饱基本不成问题，所以就再也没有用心去思考自己到底应该干些什么。

到上海后，去了上海的人为找工作几乎走遍全上海，空着肚子拖着沉重的腿，但旁人就像是没看见他一样。他明白了这里的人很小气，在这里白吃白喝的事是绝对找不到的。但是，他同时也发现此地果然挣钱机会较多，在这里干什么都与赚钱有联系，带路可以赚钱，看厕所可以赚钱，就连打盆凉水让人洗脸也可以赚钱。于是，为了不再挨饿，他鼓励自己只要多想点办法，再多出些力气，就足可以赚钱饱腹。凭着乡下人对泥土作用的认识，他在建筑工地装了 10 包含有沙子和树叶的土，当天他在城郊间往返六次，以"花盆土"的名义向找不到泥土而又偏爱养花的上海人兜售，结果净赚了 50 元钱。1 年后，就凭着卖"花盆土"他竟然在大上海拥有了自己的小小的经营门面。再往后，他抓住这个城市清洗方面的某个市场空当，办起一家专门清洗各类户外广告及招牌的公司，并还将公司业务由上海扩展到杭州和南京。

他听人说北京清洗市场也很大，于是北上到北京进行考察。在出北京车站时，有个衣衫褴褛的人向他行乞，就当他递钱给对方时，两人都愣住了，因为在 5 年前他们曾经相互换过一次车票。

指点迷津：两个农村人同时进入大城市，他们的命运都因此发生了新的变化，但是由于彼此的心态取向不同，一个走向成功，而另一个却仍在原地踏步不前。其实，从他们走出家门的第一个选择开始，就已经出现了强烈的反差：成功者把命运牢牢攥在自己手中，充分利用城市大舞台，靠自己、靠勤奋、靠智慧努力打拼，最终改变身份获取成功。原地踏步者把命运围于客观限制中，仅是在城市大舞台外围打转转，靠他人、靠恩惠、靠救济慵懒度日，最终仍未改变乞讨身份。人的一生中或许会产生数不清的意念和情节，但是最终能够得以实现、能够得以满足的却是其中为数不多的一部分。那么，你对那些未能实现的意念和情节，切莫去恣意压制与长久积蓄，要善于及时通过某些渠道和某些方式，千方百计地让它们完全地发泄出来。只有这样做，你才能够使得自己始终保持良好的心态和积极向上的工作状态。你再遇到那些纠缠不清、迷乱心智、委顿心态的意念与情节时，就请提醒自己：良好的心态是你成功进取的营养品，要对其充分汲取；不好的心态是你成功进取的废弃物，要对其及时清除。你想想看，自己更喜欢、更接近它们中的哪一个呢？可能你也知晓：困顿产生欲望，欲望催生激情，激情引发动力，动力促进行动，行动获取成功这样的成功进程的链接关系。可能你也知晓：相对心怀远大目标的有志者而言，经久的勤奋和持续的激情是自己拥有良好心态的保证，有了它们的影响与辅佐你就会不断超越自我，不断取得进步。如果是这样，那你还等什么，赶快行动起来，去向人们充分地展现一个全新的自己吧。

抛砖引玉：相对于心态的不同取向，就会引出不同的行为举止来。人们的心理现象同属心态的表现形式，其在外界环境的刺激下会产生不同的变化，这时若是人们的心态能够稳定心理趋向，则受外界干扰与影响的程度就会得到适当的控制，以减少行动上的盲目性。

有位心理学家曾做过一个十分有趣的实验：他先是引导着数人，

穿过一间灯光布置非常昏暗的房子，结果他们都取得了成功。接着，心理学家打开了房内的一盏灯，这组人在仍较昏暗的灯光下看见了房内的一切后，都不由惊出一身冷汗。原来房内地面原本是个大水池，而且在池内还横七竖八地躺着一群大鳄鱼，在水池的上方则横架着一座窄窄的木桥，刚才他们一组人就是由这座桥上走过去的。

这时，心理学家向这组人开口发问："现在你们当中，还有谁还愿意再次由这间小房穿行而过？"一时没有人回答。过了很久，终于有3个平时胆子就较大者站了出来，其中一个小心翼翼地走过了木桥，但速度显然比第一次慢了许多；第二个人颤颤巍巍地走上木桥，但只是走到一半时，就因为腿肚发软抽筋趴下身来，慢慢地爬过了木桥；第三个人则是刚走了几步，就在原地蹲下身来再也不敢向前后移动了。

此刻，心理学家又打开房内的其他几盏灯，通明的灯光把房内照得如同白昼，这时人们才看得更加清楚，原来在小桥下面还安装有一张结实的安全网，由于网线的颜色很浅，所以当灯光昏暗时人们就很难发现它的存在。

心理学家又在问道："那么就现在，还有谁愿意再次通过小木桥？"这次马上有5个人站了出来。心理学家问剩下几个没有表示的人："你们为什么不愿意？"他们则齐声反问："这个安全网真的是很牢固吗？"

指点迷津：人们对于同一环境，在安全意识前后不同的前提下，前后走过小木桥的表现与能力也是不同的，这其中心态所起的作用十分明显，心态不同则判若两人。其实在获取成功的进程中，可能需要你去通过无数类似这般情景的"小木桥"。有时候真正失败的原因恐怕不是因为你的力量弱，你的智能低等因素，而是由于周边环境存在的那些凶险状态所产生的威胁与威慑。面对当今凶相丛生的生存环境与竞争环境，因一时找不到化解办法和看不到光明前途，很多人极有可能会因此失去往常平定自若的心态，被眼前那些困难和阻力所吓到，于是就自乱方寸，举棋不定，甚至于畏缩不进。每逢此刻，你应善于对心态进行相应调整，不妨暂且让自己的心智走进"黑房子"，用积极的心态去蔑视眼前的那些困难和阻力，不断激励自己无所畏惧，勇往直前。

抛砖引玉：成功需要热情，但热情需要来自于正义和正当的心态。在穷者与富者之间的确存在着心态的差异，这种心态上的差别有时往往会演绎出出乎人所意料的事件来，而在消除这种心态差别的过程中，所产生的结果并不总是带给人以快乐和幸福。

有个富翁所乘的行船被洪水激流撞翻了，于是他在落水后爬到河中央一块突出的岩石上高呼着救命。一个过路的青年人见状，奋力荡舟赶去救人，但由于洪水凶猛，激流湍急，所以他划着的小舟向前行进的速度非常缓慢。

富翁见状便向青年高喊："快点划呀！如果你救了我，我将送给你1000块钱！"

这时，小舟向前移动的速度仍然很缓慢。

富翁很焦急，继续高喊："用力划呀年轻人！如果你能马上划到我这里，我给你2000块！"

青年人在继续奋力地划着小舟。但由于浪大流急，小舟仍然提不起前行的速度。

富翁此时用早已嘶哑的声音呼喊道："年轻人，水在涨高，你要用力划呀！只要马上划过来我给你5000块！"

这时候，洪水已开始淹没富翁暂时栖身的岩石。

青年人划的小舟，仍然继续缓慢地努力向前靠近。

富翁看着被水淹没的双脚拼命用力喊道："我给你1万块啦，你快点用力地划呀！"

可就偏偏在这时，小舟行进的速度反倒较前越是慢了下来。

此际富翁声嘶力竭地喊出最后一声："我给你加到 5 万块啦!"

随着一个大浪袭来，转眼间他的身影从岩石上消失了。

青年人满脸颓丧返回河岸，并懊悔地失声哭起来："当初我一心只想救他一命，但他却一直喊着说要给我钱，而且一次比一次给得多，于是我就动了心念：再划慢点，兴许还能再多加一些。可哪知道结果会是这样悲惨的结局呢!"

指点迷津：我们再来看看青年人垂头丧气地自责：最初，心里只有救人之念，没曾想见到有利可图时，原有念头就淡薄了；可他为什么在生死关头，偏要一次次地向我提到钱呢! 其实，钱本身并没有什么错，错在富翁将钱作为利诱物，鼓动青年人来解救自己。随着钱的一再加码增多，青年人原有一心救人的良好心态出现转折，随着等等看还会加钱的不良心态出现，富翁落水而亡，青年空手而归。你看，对青年人而言原来是件好事，但却落得了不良的后果，在这个过程中他的心态出现了较大的转变。人们可以这样设想，假如他能始终保持救人的良好心态，根本不受富翁一再加钱的影响，只是努力地加快向前行进的速度，兴许就会把人成功救上岸来。在你身边救人的事情可能不多遇见，但是你的心态因为外界因素严重干扰，而出现较大变化的事情兴许时有发生。如果是这样，你就应该把这个青年人的教训在自己脑中过过"电影"，千万不要随意地丢弃了属于你的走近成功的机会。

成功秘籍

成功是由良好心态开始起步的，如果在人们的内心长久存在失意与失败的阴影，那么所有的成功因素就都会远离而去。任何削弱人们的信念、智慧、安全感和力量的负面思维，都只会给其行动带来压力和阻力，而让其不可能顺利地成就大事或大业。

巴金曾说："支配坚强者行动的力量是信仰，他们能忍受一切艰难痛苦，而达到他们所选定的目标。"可见凡人做事，须全心专注于此，坚持不懈，不可见异思迁。立志而无恒，定是终身无一所成。

法国总统戴高乐曾经说过："伟人所以伟大，是因为他们都立志要成为伟人。""立志成为伟人"便是人们成功实践进程中，可以不断从中得到激励的心态取向。高尚的人生追求会给人们一身正气，一身正气赋予人们泰然自若的心态，而这种良好心态促使人们面对逆境挺直身躯，傲然独立。

当你面对危急关头时，自然也面临着一次对你的心态如何取向的考验。这种心态是在什么条件下才能成熟形成呢？对此我们不妨先来做个比喻：如果将 10 吨的货物放进只能承载 5 吨的货船上，那么这船必定会沉入海中。

如果把心态比作货物，那么人生追求和高尚品行就是货船，后者越是基础深厚，前者就越是表现优秀。

人生于世总是要去生活、学习与工作的，在其中就会萌生出种种事物来，而跟随着这些事物而来的就是人的种种心态，且除了人死灯灭这类事外，其他事物均会有涉及心态的话题，这便是心态之立的由来。

人生境遇和客观事情可能是有好有坏，虽然其中有些你可以对其自主，但是实际上其中的绝大多数均是不由自主的，如此才会强调人在主观上应该始终保持良好心态，因为只有这样才能够将那些不由自主的事物逐渐转变成为自主之物，这便是心态之举的重要。

成功需要人们的激情，但激情需要正常的心态，人们之间心态取向的差异，往往会演绎出乎意料的事件来，而消除心态差别的过程，并不总是带给人以快乐和幸福的。一言以蔽之，你定要让自己十分明确：一个人做人做事的心态，便决定了他日后成功的高度。

至于我，生来就是为公众利益而劳动，从来不想去表明自己的功绩，唯一的慰藉，就是希望在我们的蜂巢里，能够看到自己的一滴蜜。

（俄）克雷洛夫

4 培育觉悟的大树，指引成功的路标

觉悟是一种定性的思想形式与模式，常会被人们用来作为衡量某个人精神境界、思想水平、道德水准及举止言行处在什么程度的标准尺度。觉悟的规范与制约作用，可以在个人及团体间形成公认的完美形式，从而由此充分地调动人们的积极性与潜能，产生强大的社会创造力量。

抛砖引玉： 能被感觉到的东西并不一定被完全理解，而只有被完全理解了的东西才会产生更加深刻的感觉，这是唯物主义认识论的观点。当人们深刻的感觉在内心世界形成了固定模式，并因此上升为恪守不渝的某种理念时，这就是人们通常所说的人的觉悟。

有个出租车司机，既要赡养老父亲，又要照顾下岗重病住院的妻子，而且孩子也面临着高考上大学，尽管他没黑没白地苦干，挣到的钱依然难以维持家境之需，缺钱就像是座大山压得他一时喘不过气来。

一天晚上收车后，他在整理车厢时突然发现后车座上有个皮包，打开来看发现里面有价值上百万的现金、存折等物。这时，他便毫不迟疑地把车开向公安局，通过警方找到了失主并当面交还皮包。后来人们还了解到，他遇到和处理这类的事已不是头一回。

这个司机本身的确非常需要钱，但他同时又是个具有高度觉悟的人，因此他能一次又一次战胜金钱的诱惑，做出那种被众人称赞为高尚无私的行为选择。后来，有很多人通过他的事迹认识了他本人，大家带着对他十分尊敬和信赖的心情，纷纷主动要求乘坐他的出租车，在大家如此热情地帮助下，他的生意也一天比一天好了起来，家里的经济情况也因此得到了较大的改善。

指点迷津：透过出租车司机拾金不昧的举动，人们足可以看到高度觉悟的闪亮光环。虽然他对钱的需求也是很紧迫的，但是当钱物在他的眼前出现时，他首先关注和牵挂的是那些丢钱的人，而并非往自己的身上多去联想，因为那些私欲杂念已被他高度觉悟的"滤网"所过滤掉了。想想看，你要是同样遇到如此的事例时，你又会是如何去做选择呢，你所具有的觉悟中是否也存在着那层可过滤私欲杂念的"滤网"呢？假如存在就要好好地加以利用，假如没有就应该自觉地去养成，因为这些都将是有益于你去获取成功的主导因素。这种觉悟的养成看似不难，但是真的做起来似乎又是很不易的。这主要是因为你必须要和一些东西划清界限，即那些涉及个人利益的私心杂念；你必须要长期保持一种本色，即自觉维护大众利益的公德意识和襟怀坦诚的个人修养，这两个方面你都做到了，那么不论在何种情形下你都能如同出租司机那样去做。

抛砖引玉：对于觉悟，人们可以这样去理解：它是集大成于修养的"熏陶"和信念的"修剪"；同时也是屡经教育、感化、影响、追求所培育的结果。觉悟不仅会给人生举止行为指定方向，同时也会给予人们弘扬正气，抵御邪恶的勇气和力量。

1996年冬季，有位很有名望的老军医在成都进行巡诊。

这天，来了位50岁左右的患者，他是青藏运输线上某边防站的站长，坐了整整两天两夜的汽车，才从边防站赶到这里。老军医给站长诊断完后，告诉他："你必须抓紧治疗，最好是现在就住院。否则，你的生命可能会是很短暂的，因为你的病情已很严重经不起再拖延了。"

站长听后，略微皱了皱眉头，然后很平静地看着老军医问道："请你实话告诉我病情，我还有多少时间？"

老军医告诉他："你是胃癌晚期，若不及时治疗，或许不及6个月。"

他听后马上站起身来，对老军医说："我知道了，就请你先给我开两个月的药。要知道下山一趟很不容易，以后可能我不会再来了，但会派人下来取药的。"

老军医见他立即就要动身的样子，就再次郑重地对他说："我已告诉你，你现在最需要的就是住院治疗，为什么还要急着赶回去呢？难道你就不珍惜自己的生命？"

站长见老军医对他有些误解，就笑着解释道："医生，过几天有个十分重要的运输车队要经过我们那里。现在的季节正是山上风雪最大、最多的时候，所以路况最复杂、最危险，随时都可能会有险情出现，你说我能不担心吗？因此，必须赶回去提前做好一切安排，全力保障车队安全地通行。"

此刻，尽管老军医对眼前的军人增添了几分敬意，但仍然用坚定的口气说："不行，你必须马上住院治疗！那边的事情，其他的人不也照样可以去完成嘛。"

只见站长看着老军医，用同样坚定的口气说："不行，我必须马上赶回去！有许多的事需要我去办好。医生，我个人的事若和关系到国家财产和他人生命的事相比再大也是小事，决不能让他们受到威胁和损失，人命关天的事可万万马虎不得，这是我的职责所在。如果车队出了什么差错，我将会因此遗憾终生！"说到这，他略微停顿了一下，继而用带着深情的语气说："我已在青藏线当兵30多年了，对这片土地有着很深厚的情感，既然我的生命已进入倒计时，我就索性把它们全都留在自己最喜欢的地方吧。"随后，他对老军医又说了些感谢的话，带上药转身离去。

老军医起身来目送着站长出门，当他把视线落在站长那宽厚的肩膀上时，似乎感觉到了一种支撑在天地之间的巨大力量；站长那朴实而又果断的话音在老军医心中翻滚激荡着，此刻他似乎看到了他那闪耀着的生命之光。

事后，老军医对人们讲他虽然是我所遇到的一个普通病人，但却成为我心目中最为敬仰和崇拜的人！因为在他的身上，让我看到了一个军人的高度觉悟和崇高情操。虽然他的生命是有限的，但我深信他的威武英魂一定会融合在边疆雪山的每个地方，必将化作永久。

指点迷津：当自己生命遇到病危的关头，站长内心所忧虑的却并不全是自身的安危，而是更加牵挂国家财产和他人的安危。有人兴许会问：难道他不善于区分生命突变时的孰轻孰重吗？对于这个疑问可用站长自己的一段话作答：个人的事若和关系到国家财产和他人生命的事相比再大也是小事，人命关天的事可万万马虎不得，这是我的职责所在。透过这句话，便会让人们从具有高度觉悟的站长的言行中，看到真实感人的军人风采。于此，你也许会联想到一个涉及很大领域的命题：如今站长的这种觉悟值得在所有的地方去推崇吗？其实，对此你完全可以通过一些小的视角找到正确的答案：当你不慎坠入深坑，结果被一群毫不相识的人及时搭救上来；一个小孩，弯着腰将他人丢弃在公园草坪上的废纸逐一捡起，然后全部丢入附近的垃圾箱内；当地震后人们已是几餐没进且饥饿难耐时，但那几包方便面被大家传来传去的却始终没有被打开，等等。诸如此类的表现不一而举，你看这些行为不是都与觉悟有着直接的关联吗？

抛砖引玉：觉悟是形成内在美的超天然养分，即使没有粉彩修饰，内在美也会青春永驻。觉悟，也是帮助人们攀上成功高峰的阶梯。

刘晓是一个事业有成的青年，从小便继承了丰厚的家族产业，即使他年纪轻轻，却已然成为众人羡慕的数家公司的统领者。

他虽然聪明且很有才气，但是身存致命弱点：富家子弟的气息尤为浓厚。平日里他外表颇为招摇，穿戴及生活用品皆是价格高昂的高档品牌，经常会在公众眼前开着大奔驰绝尘而去。他在接人待物时也总是摆出一副傲慢的姿态，脸上很少能见有微笑，颇具唯我独尊的款爷架势。所以，大家对他都保持着远距相待，并且还由远而生厌。但是就在近期某天，当大家又在街头遇见他时，那一刻的所见所闻，却让人们即时心起疑窦。只见他身着非常普通的T恤，而且不见了平素那些雍容高贵的穿戴行头，手腕上也撤去昂贵金表而戴着很普通的石英表。更为让人不解的是，他面对众人的态度发生很大转变，十分友善中肯，说话时语气也很随和，脸上也总带着自然的微笑。

面对这位有了如此巨大转变，且既熟悉又陌生的人，大家当时真不敢相信自己的眼睛，甚至有人还怀疑眼前的此人究竟是不是真的刘晓！随后不久，众人的这份疑虑终于找到了破解答案，原来这些都是源于刘晓在前一段的一个非凡的经历。

两个月前，刘晓前去某家大型商场，想为病重卧床的母亲买件礼品。当他停好那辆奔驰，准备走出停车场时，突然有人从侧面猛撞了过来，那人撞倒刘晓后不仅未道歉，还拿眼睛凶狠地直瞪着他。若按刘晓平时的习惯，此番肯定会冲上去和那人进行争执和理论，但由于那天他因母亲病情好转心情颇好，况且又是特意来为母亲买礼物的，所以就压住火气没有外发。不仅如此，他还像个老朋友般地向撞他的人点头微笑，并抢先说了一句：对不起！当看到他微笑的表情和听到那一句对不起后，那个撞人的人似乎有些意外，并相继在脸上露出一种未可言表的神情。也就是在这个瞬间，他那曾是凶狠的眼神消失了。接下来，他突然转身迅速跑着离去。尽管当时刘晓对其举动感到莫名其妙，但并没有特别在意，随后便离开了停车场。

那天晚上，当刘晓在电视新闻报道中得知，就在当天中午时候在他去过的那个商场地下停车场里，发生一起重大抢劫案。劫匪砍伤了驾驶豪华跑车的老板，还抢去了许多贵重物品。当屏幕上播出劫匪的通缉照片时，刘晓一眼就看出他正是那个曾在停车场碰撞过自己，且没有礼貌的莽撞者！刘晓在一边回想着当时的过程，一边也在为自己庆幸：如果当时真的与那人发生冲突，极有可能出现非常危险的局面，且后果不堪设想。至此，他不禁扪心自问：究竟是什么解救了自己，让这个凶狠的劫匪放弃了与自己的纠缠呢？经过仔细回忆，他终于想起来了：也许起因就在于他当时冲着撞他的人在微笑，正是这种像朋友一般真诚的微笑使得他成功地避开了一场危机的发生。

自对人生开始有了某种觉悟后，刘晓就逐步转变了。一个态度傲慢，不关心他人，脸上几乎不见微笑的自私自利者消失了，而一个态度谦和，关心他人，脸上时刻洋溢着微笑的新人出现了。最为重要的是，至此之后微笑彻底改变了刘晓的人生。

指点迷津：花的色彩鲜艳，形态绮丽，所以被人们公认为是美丽的象征。但这并不是大千世界里的唯一美丽，还有很多的美丽存在于人们的身边。比如，有个盲女转来转去地寻找街道边的垃圾桶，然后将手中的废弃物丢进垃圾桶内，这组画面难道不是非常美丽的吗？当人拥有了很多的财富后，并不因此就意味着他们已经拥有了完整无缺的美好人生；当人拥有了很多的财富后，也并不因此就意味着他们已经拥有了无懈可击的成功人生。刘晓觉悟前后判若两人，而在众人眼中受到尊重和欣赏的却仅属于后者，这期间刘晓身边拥有的那些财富并无发生丝毫的改变，而发生改变的仅是他对于人生的态度和觉悟，在这样的态度与觉悟的影响和支配下，他开始有了十分显著的变化。那么，你对于刘晓的这般变化是怎么看的，是赞同还是不赞同？如果是赞同，那最值得你效仿和关注的又将是些什么呢？好好想想吧，因为这对于你今后的成功将大有益处。

成功秘籍

觉悟是集大成于修养的"熏陶"和信念的"修剪"，同时也是屡经教育、感化、影响、追求所培育的结果。觉悟不仅会给人生举止行为指定方向，同时也会给人们以弘扬正气，抵御邪恶的勇气和力量。只有在经历长久修养熏陶、信念修剪，以及屡受教育、感化、影响、追求的精心培育之后，人们方才有一定的资格对外自称是进行并完成了觉悟的集大成者。

觉悟也是形成内在美的超天然养分，即使没有粉彩修饰，内在美也会青春永驻。觉悟还是帮助人们攀上成功高峰的阶梯，一个人获取成功的过程，实际上正是他的觉悟经历摈弃、提高、完善、获取的再优化、再形成的往复过程。

当你学着为自己所追求的至高无上的觉悟去持久地付出个人努力的时刻，你同时也就在经历着自身境界的历练与升华，并且由此演绎着一出人生舞台最为优雅生动的剧目，那其中的活力十足的节拍和情节则构成了属于你生命的永恒韵律。

我们要的是明察的鉴赏，不是盲目的崇拜。

闻一多

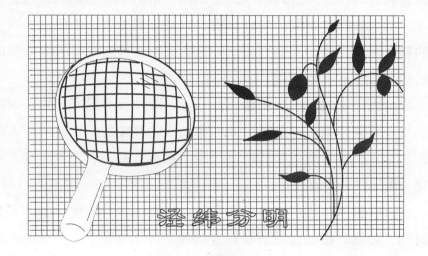

5 细致入微里索解，兢兢业业处成名

严谨是指人对待事物的态度和作风，严密而没有疏漏和空当，中坚外正。此外，严谨还指人们在人生追求、事业心、工作态度等方面，用一种求真、求实、一丝不苟、精细入微的精神和态度去对待之，以求获得对事对人的正确理解和见解。

抛砖引玉：大千世界，芸芸众生，不存在绝对的统一，正如人们所说：对同一件事，有一百个人就会产生一百个不同的看法。但在实际生活中，人们却往往又需要保持意志、见解、行为等方面的相互统一，于是这就产生了矛盾。而解决这种矛盾的方法就是采取严谨的精神和态度去待人处事。

有位女孩儿离开学校进入了工作岗位，但当得知自己的工作竟然是清洁工，而且还是专门负责清洗厕所时，她万分失望，心顿时就由里至外地全凉透了！原先那番美好的人生梦想及精心设计的长长一串人生计划，此时此刻全都消失得无影无踪了，留下的仅是口头的愤愤不平和内心的自怨自艾。

初上班那天，领班先是客气了几句，随即就把对她的工作要求及验收标准用一句话交代给她：你必须把马桶刷洗得光洁如新。以她高中文化的底子，当然十分清楚"光洁如新"的实际词义，但她觉得将其用在刷洗马桶之上是否过于奢侈了点，她自认为绝对不会有人能达到这样的验收标准，只不过是领班想以此来震住她，先给她来个下马威罢了。

几天工作下来，她人总是打不起精神，整天一副心神不定，懒散松懈的样子，这是因为她打心眼儿里就根本看不起这份工作，太普通了，也太见不得人了。于是，一些奇奇怪怪的念头不由得从内心生出：如果搞坏一个马桶，兴许会把我调离此处；或者连续地请病假，兴许会被他人替换下来；去贿赂医生，搞出个不宜这份工作的身体原因；若是实在不行，干脆先辞职回家等等看。就在这个时节，有位老员工出现在她的面前，也正是这位看上去极为普通的人，帮助她摆脱了眼前的困惑与苦恼，坚实地迈出了人生第一步。

事情是这样的：有位同班老员工一直在暗地关心与注意她的举动。这天，这位老员工拉住她的手诚恳地说："我知道你心里很不高兴，对现状也很不满意，年轻人有这种想法和表现很正常，我也很能理解你此刻的心情。你看这样好不好，你先看着我是如何来干这项工作的，如果是我干得不好，或者你认为自己不可能这样干，那么我会凭着自己这张老脸，去找人事部门替你说情，请他们给你另换份工作，你看行吗？"她看着老员工慈善中肯的神情，犹豫了片刻之后终于点头应允了下来。

于是，老员工以非常专注的神情进入工作状态。他首先是一遍遍地洗涮马桶，且工作姿态是那样的投入认真，看上去仿佛根本不像是在洗马桶，而是在摆弄欣赏着一件奇珍异品一般。经过一番反复的清洗程序后，那只马桶看上去果然是改头换面，光洁如新。就在这时，她看到老员工将马桶重新接入自来水，然后转身去取来个茶杯，并当即就在马桶内舀出一杯水来，竟然毫无勉强之意地当着她的面一饮而尽！

这个实际行动，的确深深震撼了女孩儿的心，并胜过了任何千言万语的教诲。这时，女孩儿感受到一个极为朴素又极为简单的道理：光洁如新，要点是在于"新"则不"脏"，因为盛在一只全新马桶里的水，一般不会有人认为不能喝的。反过来讲，只有马桶里的水达到被认为可以喝的洁净程度，这才算是把马桶洗得"光洁如新"了。而老员工的举动足以证明：你要是用严谨的工作态度去对待这份工作，实际就能做到这一点。正是因为老员工具备一丝不苟的严谨工作态度，他才会非常自信地喝下那盛在"光洁如新"马桶里的水。

经历了这件事情后，女孩儿从此展现在人们眼中的是一个面目全新的、青春活力的、热情饱满的、态度严谨的员工形象。在一番刻苦努力之后，她的工作质量也达到与老员工齐高的水准。因为，她不但丢弃了追慕虚荣的心理负担，还真正弄懂了什么是严谨的人生态度，且在实践中严谨认真地履行着自己的职业操守，并从中享受着由工作带来的兴趣与快乐。后来，她年年成为公司表彰的先进工作者，还荣获当地劳动模范的光荣称号，这些都足以表明她的人生获得了很大的成功。

指点迷津：老员工十分严谨的工作态度与举动，表达出一种非常高的工作境界，当他进入这样的境界之后，所面对的事物便会发生非常大的变化与转折，所以他才能够把马桶洗刷得光洁如新，以至于非常自信地将其中的水喝进肚中。从女孩儿对工作的态度的转变看，建立和执行严谨的工作态度也是需要有前提的，这就是要对自己的工作有足够的热情和信心。你可能会有体会，当你对数学或物理根本就提不起学习兴趣时，那么那些数字和定律就如同那只"马桶"，让你一见就心生厌烦。反之，当你能够坐下来认认真真地去看书，并让自己的心智随着书中的字节而共进共退时，严谨的学习态度和浓厚的学习兴趣便会像一双翅膀带你在知识的天空中自由地翱翔。所以，不论干什么你只要能做到循行光洁如新的标准和采取非常严谨的态度来加以对待，那么因你获取成功而给人们带来的那份惊奇，应该是会大于喝马桶之水的。

抛砖引玉：严谨的工作态度可以减少失误与提高效率，所以才会受到人们的极大重视。假如把失误比作是"鱼"，那么严谨就应视为是"网"，不论是"大鱼"或"小鱼"，则都逃不脱这细密之"网"的阻拦。

有个才华横溢，技术娴熟的工程技术人员，因为经不住朋友再三劝说及外界极大的诱惑，就动了跳槽去另寻发展的心思。于是，他往常那种非常严谨的工作态度日渐松懈下来。这天，他终于鼓足勇气对他的老板说要离开公司，借口回家去与家人共享天伦之乐。

这位老板固然舍不得放他走，于是在再三的挽留均告无效后，就请求他在离开之前再帮着建造一栋房屋。这位工程技术人员见老板态度非常诚恳，也不好随意地推托，就非常勉强地将这个任务应承了下来。但此时人们都看得出，他的心思实际早已全然不在工作之上了。为了图快图省事和赶进度，他所选用的木料和砖块均是质地很软的糟木料与砖块，且部分工程也做得较为粗糙、施工质量也较差，与以前是根本无法相比的。

让人们意想不到的是，当这栋房屋终于建造好时，老板却亲自把房门的钥匙交在了工程技术人员的手中，并说了这样一句话：这是我送给你的房子，就算作是对我们多年合作的回谢吧，请你一定要收下。

这位工程技术人员，不仅顿时惊得目瞪口呆，而且羞愧得无地自容。如果他早知道这栋房子建好后，将为他所拥有，说什么也绝对不会建出如此低质、如此低水准的房屋。

指点迷津：在实际生活中有人何尝不是如此，由于一时松懈和疏忽所造成的过失，到头来反倒是一股脑的全砸在了自己的头顶。人们有时会漫不经心地"建造"自己的生活，不是坚持一贯严谨的态度，而是消极应付；凡事不是精益求精，而是浮躁马虎。于是，当你将要住进自己亲手所建造的"坏房子"中去时，便定是会带着满肚子的后悔，并为此而扪心自责。你在学习和工作中，兴许对于严谨应该已经有了不少的体会和理解。比如，在进行非常繁杂的数学演算时，若缺少了严谨的态度便可能总是会出些差错，而在正确的答案旁边绕来绕去地兜圈子；在进行物理测验考核时，由于没有严谨的观察与分析，结果做出了让自己都大吃一惊的答案来；在进行某项工作时由于没有坚持严谨的工作态度，结果虽然按时按量完成了所有的工作，但由于某处小小的疏忽需要全部重新返工等现象。你看，在这些失误中，你只要是稍微仔细和认真一些，稍微深入思考一下，稍微留意进行检查，是不是其结果就迥然不同呢。现在，你知道严谨对于你走向成功的重要性了吧。你在坚持以严谨态度办事时，可能会遇到很大的阻力，如果此刻你是选择了退却与回避，那么就等于是自动放弃了严谨的态度，这其中会不会同时也放弃了一个成功的机会，这都是很难料定的。但是我们起码可以这样去认为，严谨是成功的近义词，严谨态度是一种成功者的姿态。

抛砖引玉：有两支科考探险队，深入崇山大岭进行科学考察。一支被沿途直陡峭壁挡住了去路，于是转向另外的方向行进，但最终毫无收获返回。另一支沿途也遭遇到直陡峭壁的阻挡，于是就奋力地攀登上去，待翻过了峭壁之后，终于发现了要寻找的奇异景致，因而获得丰硕科研成果返回。这支获得成功的科考队，在全队上下，事事处处都具备了严谨的态度和严谨的精神。

某校的生物教授见一位新来的研究生进入自己的实验室，便向其问道："你是新来的吧，你希望何时开始工作？"

研究生情绪饱满地回说："就是现在。"

教授显然为他的积极性而高兴："那真是好极了！"因为，他喜欢这样迫切求学的青年人。于是，他顺手从实验架上取下一只大瓶子，里面有个由酒精浸泡着的黄色的鱼标本。教授吩咐研究生："你现在取出里面的这条鱼，并请仔细地观察它，过一会儿我将考问你都看到了些什么。"说完这句话，教授便丢下研究生，独自向旁边的实验台走去。

研究生这时内心非常地失望，像这类的生物标本，自己不知早已摆弄过多少次，真可以说是到了庖丁解牛的熟悉程度。到教授这来学习，就是想学到更多的新知识，而目前目不转睛地盯着一条鱼，似乎难于达到自己求学的高远目标。研究生边这样想着，边观察着手中的鱼。10分钟后，研究生认为已将这条鱼所能看到的全都看过了，就转身去找教授，但教授此刻不在实验室内。

迫于无奈，研究生就只好继续地看鱼，半个小时、一个小时、两个小时……这条鱼让人越看越招讨厌：从正面看，一片苍白，毫无气色，从上、下、左、右看也同样不过是如此。这般用人眼去研究一个生物标本，太随意且研究范围也太狭窄了，研究生边这样想着，边把手指伸向鱼的头部，触摸它那锋利的牙齿，然后又细数了鱼身各排鳞片的数目。做着做着，一个念头出现在他心中：我可以试着画一画这条鱼，毕竟我从它身上发现了新特征。

就在这时，教授回到了实验室。

教授看了研究生所画的鱼说："你做得对，使用铅笔画出形体，亦是很好的观察方法之一。"

然后他又提问道："你说说，它到底像什么？"

研究生便开始详尽叙述了他的观察结果。

待研究生说完后，教授等了片刻，那神情好像在说：还有什么。

当确认研究生真的讲完时，则带着失望的口气说："怎么回事？你并没有仔细地观察呀？"

教授此刻看上去表情非常认真严肃："你并没有看出这种动物最明显的特征，而实际它就像这条鱼一样，正清清楚楚地摆在你面前，你再去看！再去看看！"说完话就又转身离开了。

尽管，研究生的自尊心受到很大伤害，但还是得按照教授的要求，继续去观察这条讨厌的鱼。这次研究生给自己定下了目标，一定要寻找出那些该死的特征来，直到自己能明白教授刚才批评的原因为止。就这样整个下午很快就过去了，在快要下班时，教授来问研究生："你还在观察它吗？"

研究生回答："不，我已结束了观察，且我也已意识到原先的观察和发现的确存在差距。"

教授认真地说："真的很不错！但我现在暂时不想听你说什么，收拾好东西回去吧！明天早上，你可能会准备出一个很好的观察结论给我。另外，在你明天继续观察鱼之前，我将还会考考你。"

听了教授的话，研究生心里翻腾开了：真让人受不了！我不但必须整夜地去思考这条鱼，反复捉摸那未知而又极明显的特征是什么，并要在明天准确描述这些特征。最让人心寒的是，明天还将继续观察这条鱼。

第二天，又是经历了全天的观察，但教授并没有继续询问结果。

第三天早上，教授心情好像有些急不可耐，他急于希望研究生能找到、看出由他所观察到的一切。

研究生试探地说："那条鱼的所有成对器官都是两边对称的？"

教授听后极为高兴："很对，完全正确！"

教授的态度使研究生备受鼓舞，感到自己两天两夜的观察与思考是有成效的，没有白费力气。

其后，教授特别强调并谈到了鱼的这一特征的重要性，然后就问研究生下一步准备怎么去做以及将要做些什么。但未等研究生开口，就接茬建议道："你还是要再去观察那条鱼。"

在这三天里，教授只是反复不断地让研究生观察鱼，而从不安排其他事项做，同时也禁止他去使用任何研究分析的辅助工具。

看，看看，再看看。这就是教授对研究生反复提出的建议。

第四天时，教授把另一条同一种属的鱼放在第一条鱼的旁边，要求研究生指出它们的相似点及不同点。然后，再是另一条……一条接着一条，直到同科所有的鱼都被摆在了研究生面前。

后来，研究生深有感悟地对人说，那是他今生今世上过所有课程中最有意义的一课。因为，自此之后他的学习方法和所有研究，都是在非常严谨态度下进行的，且收益颇丰。

指点迷津：带有严谨治学精神的教授，首先是在指教自己的学生具备严谨的学习态度，其次才是步步深入地引导他去研究和观察问题。教授那般再三催促他多看看的指教，让研究生明白了在观察事物时不要轻信所谓的事实，不要满足表面粗浅的发现和理解，而是要以实务求实非常严谨的态度，去寻找和认识大自然的规律及法则，并在此基础之上去获得某些真知灼见，使自己能够如愿地走向成功彼岸。你在学习和工作中，也习惯眼前的那些事物每天都在重复着，于是就按轻车熟路的思路与做法去对待了。例如，有些章节看过一两遍后，再去看时就一目十行地一扫而过了；对有些过去已经做过的事，再来做时就有些随心所欲漫不经心了；对有些曾多次被提醒的生活经验，于是再遇到就有些麻木不仁了，等等。但是，当你是在用严谨的态度看待及对待这些事的时候，就肯定会不难发现，看过的章节中仍然有些问题没有真正搞懂；做过的事并不一定回回都能做得很顺很好；明明知道那些生活经验的戒律，但却会再次地因之受困。实际上这其中所缺少的，不就正是教授对自己的研究生所嘱咐的那种看看，再看看的严谨态度吗？

抛砖引玉：由严谨之词所表达的内涵，有时是非常有分量的，犹如万吨压力机的千钧之力，犹如排山倒海的狂涛巨浪。若是失之，所造成的惨痛后果便是难于挽回的。

　　在遥远的 14 世纪 80 年代时期，欧洲某个地区发生了一场战争，在其中的一次战役中，某国年轻骁勇的国王准备和敌人决一死战。这次战役是至关重要的，因为他要与对方也是非常强大的军队进行一场殊死的决战，以决定日后将由谁来统治眼前这片广袤丰盛的土地。

　　就在战斗行将开始的那天清晨，国王派人嘱咐马夫精心准备好自己最喜爱的那匹强壮战马，以便能随时出征前去迎敌鏖战。

　　马夫接到命令后，便从马厩中牵出那匹马来到铁匠那里，并对铁匠说："勇敢的国王今天将要骑它去冲锋陷阵，你快一点给它换副好马掌。"

　　铁匠听后回答："我十分愿意为英明的国王效力，但是你得稍等片刻，因为这几天给国王军队的马匹都钉了马掌，好的马掌均已经用完，现在我得去找块好铁来，以便打制出最好的马掌来给国王的马用。"

　　马夫此刻却很不耐烦地叫道："哎哎，你看差不多就行了，国王催得很紧，你瞧敌人兴许正在集结推进，我们必须马上去战场上迎敌，时间真的很紧迫，有什么就先用什么吧。"

　　铁匠闻讯只好埋下头来紧赶着干活，他取出四副普通马掌，分别固定在马蹄上，然后开始给马掌打钉。当钉到第四副马掌时，却发现此刻钉子已经用完了。

　　他抬头对马夫说："伙计，我需要去找几个钉子，如果没有或许还得花费点时间打制几个。"

　　马夫更为急切地说："我告诉你我真的等不及了，我已听见军号在吹响了，你能不能动作再加快些？"

　　铁匠没有把握地说："我可以把这个马掌钉上，但因为缺少了一颗钉子，我不敢保证它像其他几个那样很牢实。"

　　马夫急问："那到底能不能挂住？"

　　铁匠即答："应该能吧，但我还是没把握。"

马夫厉声叫道:"好吧,就这样了!你再快一点,国王此时一定在非常焦急地等着跨马率众去冲锋陷阵呢。"

于是,铁匠怀着忐忑不安的心情,眼看着马夫牵着战马匆匆离去。

不久后,两国军队交上了锋,只见勇敢的国王身先士卒,骑马挥剑率领全军兵马向敌人猛扑过去。在冲锋的路上,国王在马上振臂高喊:"冲啊!勇敢的士兵们,冲啊!无畏的勇士们。"在国王的带领下,士兵们个个奋不顾身,勇敢往前。

阵前两军在激烈地厮杀着,胜负仍是一时难料。这时,如果哪方的士兵士气更高涨,更勇猛,哪方就有可能获得胜利。

就在这个最为关键的时刻,国王的战马因一只马掌脱落,突然失去平衡,翻身倒在地,国王也同时被掀倒在地面上。

由于他的落马使敌军士气大振,而国王的士兵士气严重受挫,待国王的士兵们拥上前来将他解救出来时,敌军已全部包抄上来,所以只能败下阵来,国王也在其后被敌军活捉。这时,只见他悲愤地仰天长叹道:"想不到,国家的倾覆竟会是因为一匹战马!"

因为少了一枚铁钉,便丢了一个马掌;

因为丢了一个马掌,便倒了一匹战马;

因为倒了一匹战马,便败了一场战役;

因为败了一场战役,便失了一个国家。

这是这次战争后,人们得到的血的教训。如果,那位马夫和铁匠当时都是用非常严谨的态度来对待钉马掌这件事情,兴许战场上就是另外一种结局了。

指点迷津:失于严谨并非是个只关乎小节的问题,国王的军队被敌军打败就是因为出现了严谨方面的失误,才铸成如此巨大的损失与伤害。一颗马掌钉和国家生死存亡,这两件事之间存在着巨大的悬殊,马掌钉小若寸短,国家生死存亡重若山海,人们一般是绝对不会将它们联系在一起的,但就是因为如此的寸短之失,而引发了山海之崩。

这个非常典型的故事在清楚地告诉你：之所以特别地强调要保持严谨的态度，就是因为在你生活、学习及做事时，不论其大小都总是从那些细小之处开始的。比如郊游，你要事前做各种准备；识字，你要学拼音和学笔画结构；开车，你要加满油箱和保养车况；等等。如果这些细微的地方你没有做好，或是因疏忽根本就没去做，那么结果就可能会是面对中暑或晕车而束手无策，无奈中途提前折返回家；因为拼音和笔画结构基础差，不仅字迹潦草且常常闹出错读字的大笑话招人蔑视；在遭遇危机的关头，刹车系统突然失灵导致重大车祸，等等。对此，绝不是危言耸听。只要你留意回忆一下，马上就会有许多的实例呈现在你眼前。所以你应记住，建树严谨之风，需要从建立防微杜渐的忧患意识做起。

成功秘籍

尊重和维护事物的真相需要足够的严谨态度，有时事物的真相并不十分明显，有时甚至于还会被某些假象所迷惑与所遮掩，这时严谨的态度便会起到举足轻重的作用。

严谨之风并不是哪个民族或哪个个人先天就带有的，而是经过实际生活的磨炼及一系列的教育之后所逐步形成的，所以光复民族及成功个人之壮举，都必须从抓紧、抓好这种教育去入手。

人们之所以特别强调持有严谨的态度，就是因为人们在生活、学习及做事时，总是从细小之处开始起步的。

实务求实的严谨态度是学习提高和研究创新的有益助手，它会让人们准确观察事物的真实性和特殊性，剔除那些表面粗浅的发现和理解，恰如其分地认识和总结自然规律及事物法则，并由此获得足以指导事物向前发展的真知灼见。

信用是一种现代社会无法或缺的个人无形资产。诚信的约束不仅来自外界，更来自我们的自律心态和自身的道德力量。

何智勇

6 透明诚挚循规待人，言行一致蹈矩做事

诚信泛指在处世行事、相互交易、人际交往时，在人们之间被共同持有及共同遵守的一种互信姿态和信用程度。诚信是人们处理相互间关系和相互间利益时，所应该采取的一种规范的、道德的和通行的正确言表及行为。

抛砖引玉：诚信意味着人们那种始终不渝的态度与态势，要进入这样的境界并长久地保持下去，绝非是件易事。我们身边每时每刻兴许都会有意想不到的事件发生，也许还会因此受到不同程度的影响与损失，那么此刻对于眼前所正在进行着的事情采取怎样的态度，实际上就意味着同时确定了今后将会得到什么样的结局。

就在圣诞节后的一天，阿罗兹食品公司突然接到了一个十分可怕的消息，有人通过匿名电话向该公司宣称，说他在澳洲某地区所代售的"阿罗兹"饼干中投放了毒药。消息一经传开，立即震动和扣紧了

该公司上上下下所有员工的心扉。

"阿罗兹"饼干是美国的一个知名品牌，其主要销售地集中在澳洲。经过几年连续的市场开拓，"阿罗兹"饼干销售量处在扶摇直上的状态。其时节"阿罗兹"饼干在澳洲已发展有上千个品种，且月批发量也已达到了4000万澳元之多，如果仅是查封了匿名电话所指出的那个地区的饼干，显然还是不可能消除所有消费者的疑虑的。

·于是，董事会召开紧急会议来商议对策，几经分析讨论后终于做出一项同样十分惊人的决定：立即查封澳洲所有的"阿罗兹"饼干。在接下来短短的十几个小时内，全澳洲所有商店柜台上的"阿罗兹"饼干全部被悉数撤了下来。阿罗兹食品公司同时还在媒体上公开刊登了致歉广告：由于种种原因，目前各大商场已经买不到"阿罗兹"饼干，这会给广大的消费者带来很多不便，敬请大家能够给予原谅。

此举动让阿罗兹公司蒙受了巨大的损失。众多消费者不明其中究竟，纷纷进行打探，但所有消息却都已被公司暂时封锁了。在8天之后，"阿罗兹"饼干又以全新包装面市，这种包装上还采取了防伪技术，一经打开后就无法复原，结果新包装"阿罗兹"饼干上市不久，其销售量就又恢复和保持到原先的那种状态。

就在阿罗兹食品公司上下努力，在逐步消化由这次意外所造成的巨大损失时，警察局也终于查出了那个打匿名电话的人，他竟是个精神病患者。由于他很喜欢吃"阿罗兹"饼干，便在神经不正常时由极爱而生恨，把这家跨国大公司狠狠地"冤"了一把。

尽管"阿罗兹"饼干在澳洲的这次遭遇有些离奇，事情大白真相后大家觉得处理上也有些草木皆兵，但董事会却一致认为：当时坚决果断的决定是正确的。奇怪的是，原先一直在抵制"阿罗兹"饼干进口的日本、韩国等一些东亚国家，听闻到此讯后竟然也纷纷开始进口"阿罗兹"饼干了。这一年下来，该公司不仅赚回了在澳洲的全部损失，而且还开拓了新的市场资源，于是就狠狠地赚了一大笔钱。

董事会一致认为，之所以会得到这样好的经营结果，就是取决于在手中紧紧地攥住了一张王牌，且这张王牌同时也是该公司的经营特色，这就是诚信经营。

指点迷津：诚信的许诺不是挂在口头上的标牌，也不是用来装饰形象的饰物，而是一种高于行动的责任感与事业心。个别人对"阿罗兹"饼干的诬陷致使他们遭遇危机，这也让人们看到一个即使已经很强大的机构，也会因为某些小小的失误引发信任危机，当这种危机到来的时候距离机构的惨重损失甚至是全局覆灭就不太遥远了。幸好"阿罗兹"饼干的制造者们，首先考虑的是如何维持自身的诚信，尽管要因此而遭受到很大的损失，但是他们最终还是无怨无悔地去做了。如果诚信在全社会中蔚成风气，那么这个社会的现代文化修养和现代进步意识的程度必将是较高层次的。你就是社会的一分子，要实现全社会的诚信，你必然要去承担相应的责任，所以不妨从实现全社会诚信的高度去不断地提醒自己，自觉地约束自己的那些不检点的意识与行为，力争去做那种没有污点的人，从而很体面地生活于快乐与幸福中。从个人角度来看，诚信也是非常重要的基本素质。你在同自己周边的人与事进行接触时，采用什么样的态度去对待，也就会得出什么样的结果来。

抛砖引玉：误解和诚信是一对矛盾着的对立物，当误解产生时便等同于对诚信相应提出了质疑。那么，消除这种矛盾的办法，就是通过诚信来促使事物发生转化。诚信的外在连锁反应是信任，若是你的诚信度越是高，则获得他人信任的程度就越是深，消解他人误会的能力也就越是强大。

一位女记者来到一个大城市，在市内最大的一家超市里购买了一台新式的音响，准备作为生日礼物送给自己心爱的女儿，因为她曾经多次向女儿许了愿。有位彬彬有礼的售货员得知此情后，特意介绍了眼下女孩们所喜欢的款式和颜色，并且很精心为她挑选出一台音响。这时女记者正好接到急呼电话，于是就匆匆地付过钱离开了超市。

当晚，女记者打开音响包装准备试用时，却发现缺少了内装配件，因此音响根本就不能正常使用。她猜测是超市把不好的货卖给了她，不由得为之怒气中生，准备第二天去超市当面进行交涉退换，出于职业习惯还连夜赶写出一篇题目为《笑脸背后的真面目》的新闻稿，准备第二天用传真发回报社。

次日清晨女记者刚起床不久，就有一辆送货车来到她所在的住所，只见从车上下来两个人，其中一个手中拎着一台包装完好的音响。他们先是打听女记者的住房，然后上前敲门求见。当女记者打开门时，他们立刻向她深深地鞠躬以示歉意。女记者开始有些发懵，但很快就从递上的名片得知，来人其中的一位还是昨天去买音响那个超市的副总经理。

这位副总经理带着歉意的表情，简述了其来意。原来，昨天下班超市清库清单时，发现错将一个缺少内配件的音响卖了出去。当超市总经理知道这件事后，马上就让这位副总负责，连夜加班清查买主，经过50多个电话多方询问和打听，最后终于找到女记者的住址，所以一大早他们就赶过来，特意为女记者重新换一台同样的音响，并还赠送了一件十分好看的绒毛动物玩具，说是超市送给她女儿的生日礼物。

他们所做的这一切，深深地感动了这位昨夜还因为误会而动怒的女记者，于是她便也向超市副总经理谈了自己对这件事前后的实际感受，并再三地表达自己的谢意。送走他们后，女记者立刻坐下来一气呵成地写出另一篇题目为《50个查询电话说明了什么？》的稿件，并立即传回了报社，报社当天就发表了这篇文章，还专门加注了记者评述。

随后，这家超市的声誉在不断得到提高，与此同时超市的利润也在大幅度地增长着。

指点迷津：误解他人和被他人误解，都同样是非常不幸的。由于对他人的误解，就会因为维护自身利益而产生一种抗争的姿态，并且是在误解中陷得越深，抗争的欲望就越是强烈；由于被他人误解，就会因为他人的抗争面临困境，并且是受到的抗争越强烈，解脱误解的机会就越是少。从这个事物发展的必然规律中，人们也能够体会到诚信是多么的重要。人们是离不开诚信社会的，并且终将会把过去曾被流失与丢弃的那部分诚信找回来。女记者在进入误解和走出误解的过程中，对方超市所表现出来的诚信姿态起着关键的作用。你可能也有被他人误解的时候，那么不必因此而大伤肝火，甚至于大动怒气。你只是要对自己的举止言行进行一番审视，看看其中是否存在容易引起他人误解的因素，如果有那就顺藤摸瓜地向对方做出诚信的说明或表示，及时把自己从信任危机中解脱出来；如果没有那就应做出高姿态抉择，努力将自己诚信的一面真实地表露在对方的面前，促使其从误解中尽快地走出来。千万不要让他人把所有的信任都从你身上全部移走后，你这才开始去为之后悔。

抛砖引玉：失信会造成危机，而诚信则会挽救危机。有过失的人若是处在不被信任的环境中，就有可能破罐子破摔，失去人性中最后一点正义与诚实，沿着罪恶的路径越走越远；相反有过失的人若是处于被信任的环境中，就有可能会痛改前非，重新找回人性中的正义与诚实，毅然决然地离开罪恶的路径。

有个劳改人员在外出去抢修路段的过程中，捡到了近千元钱，当时他就不假思索地将其上交给了正在监管着他们的狱警。可是，其引来的结果却让他始料不及。只见那个狱警用非常轻蔑的口气对他说："我平时就看你不怎么上眼，所以今天别给我来这一套，想拿自己的钱，变着花样贿赂我，以换取为你减刑的资本，我告诉你门儿都没有，就老老实实地接受改造吧。"

为此事，这个劳改人员情绪极其低落，似乎万念俱灰，他心想或许这世界上就再也不会有人轻易地相信自己了。于是，在这种心理活动的支配下，他越狱逃跑了。

在逃亡途中，他开始计划抢劫钱财，准备积蓄较多的钱后伺机逃往境外。于是，他首先把行动目标和场地放在人员较多、流动量较大的火车上。在夜晚来临前他搭上了一列火车，可是这列车上却偏是严重超员，迫于无奈只好先挤在车厢厕所边暂时栖身，等待着良机。

火车开动后不久，只见有位长相非常迷人的姑娘，由车厢内很费力地朝这边挤过来，劳改人员的眼便马上瞄上了姑娘及挎在她肩上的那个显得满当当的女士坤包，他心想兴许这机会就真来了。其实，这位姑娘是挤过来上厕所的，当她好不容易挤进厕所并要关门时，这才发现锁门的锁扣断了。她随即又打开门对站立在门口的他轻声地说："大哥，这个门的锁扣坏了，锁不上门，请您为我把把门行吗?"

劳改人员听后难免有些犯愣，继而看着姑娘那既纯洁无邪又十分信任的眼神，就不由自主地点头默许了。姑娘红着脸转身又进了厕所，并合上了门。而他此刻则像个忠诚的卫士那样，站在那里默默地为里面的人把守着门口。

经历了这件事后，劳改人员突然改变了自己原先的主意。当车行驶到下一站，他便毅然下车主动前往车站派出所去投案自首了。

指点迷津：一个诚信的眼神或话语，有时却能够具备强大的能量，虽不至于排山倒海之势，但是对于感化冥顽不化的邪恶心灵却有着小人大出的功力，不是吗? 在火车上邂逅的姑娘，竟然以自身的纯洁作为代价，来信任那个原本是深藏罪恶之心的劳改人员。而劳改人员的心灵，则被姑娘诚信的眼光和话语所深深震撼，不论是主动还是被动的，他终于放弃了自己的罪恶之心，愿意重新返回正确的人生途径。多出一点诚信，就会减少一点被人误解，而没有被他人误解自然也就不会出现信任危机了。试想如果你的朋友多了起来，那么你获取成功的机会不也就增加了很多吗。

抛砖引玉：诚信是具有多种表现形式的，但是不论是哪一种，都具有共同的特点，即最大限度地维护他人的利益。诚信是人们相互间足可信赖与依靠的基础，所以在人们的眼中它是难能可贵的，是可以倾心而求之的。没有了诚信，也就失去了信赖与依靠的基础，那么危机就必定会随之来到身边。

在大海中有片小礁岛，有只乌鸦飞来这里并筑巢安家了。一年后，这只乌鸦孵养出几只雏鸟。因小礁岛很小，当雏鸟们出壳问世后不久，老乌鸦便无法在此处为自己和雏鸟们觅得足够的食物了。于是，乌鸦决定飞到大陆去安家。

它用爪抓住其中一只雏鸟，并先带着它飞越大海。然而因路途较为遥远，乌鸦此刻又是带着雏鸟在飞行，因此感到有些疲倦了，飞行速度也就慢了下来，翅膀的煽动也越来越吃力，越来越缓慢。

乌鸦这时低头突然问小乌鸦："要是我今后变得衰弱不堪，而你已经长大自立，身强力壮，那时你会来照顾我吗？你一定要告诉我实话。"

小乌鸦很快地回答："我一定会照顾你的！"因为它怕老乌鸦一旦生气，会把自己丢进大海。

老乌鸦继续努力地飞行着，但越飞越显得沉重，此刻它的心也在逐渐沉重起来：我知道，这孩子它并没说实话。当它刚想到这儿时，双爪就无力地松开了，结果小乌鸦即刻就掉进大海消失了，老乌鸦无奈只得返身飞回小礁岛。

经过一段养精蓄锐后，乌鸦又带着第二只雏鸟飞越大海，同样它在飞到非常劳累且几乎无法再振翅时，它又低头对这只小乌鸦提出了同样的问题。这只小乌鸦与上一只的回答一模一样：我一定会好好照顾你的。因为它也怕自己被抛进大海。于是，老乌鸦的爪又松开了，这只小乌鸦同样葬身大海，老乌鸦对此无可奈何只得再次返身飞回到小礁岛。

随后不久，它又带着第三只小乌鸦飞越大海。当它再次提出同样的问题时，这只小乌鸦是这样回答的：我不会这样做的。因为我长大后也会有自己的家，也要养活自己的孩子。但我若想你的时候便会去看你，不论我将来走到哪里都不会忘记您的养育之恩。老乌鸦听后非常高兴：它说的都是诚实的话。于是就用尽气力振翅向前飞去。

最后，它们终于飞越了大海，安全地到了一处树木绵延、枝繁叶茂的大林子中，并在那儿安家落户了。

指点迷津：由诚信所反映出的优点，就是遇事皆能实事求是，且不论是在任何场合地点，都会对他人坦诚相待，都会把自己的所有一切向对方公开，不去做任何特意的隐瞒。前两只小乌鸦不就是这样的吗，只因它们失去了老乌鸦的信任，致使老乌鸦松懈了信念，结果均是葬身于大海之中。你在与他人的接触中兴许有过这类现象，因为某种原因自己留了个心眼，没有诚信地对待人家。那么你事后想过或注意过没有，你身边的朋友是否在减少；是否他人与你接触时也会以同样的方式来提防你；是否日后你的隐瞒被曝光会让你因此而颜面丢尽；你是否因为从一两次的隐瞒中得到了好处，所以因之而上瘾，从此嘴里便不再有实话了，等等。如果真的是这样的话，就请你将本故事中的那两只小乌鸦作为自身的借鉴，有则改之，无则加勉。

成功秘籍

诚信就是要对他人讲实话，实事求是，维护他人的利益不受侵犯。诚信经营既是一种经营心态，也是一种经营方法。采取这种心态去经营，就不会遇事总是先为自己的得失做打算，而不去顾及他人的利益与安危；采取这种方法去经营，就不会将眼睛只是盯在自身利益之上，而不去恪守对他人的承诺。无疑，这样的心态与方法，是成功经营者所必须具备的基本条件。

诚信者总是以信守忠义、诚挚无私、开诚布公、襟怀坦白的姿态出现在人们的面前。他们以人为本，但从不偏向与讨好任何人，而是一视同仁；他们讲究诚信，但从不屈服与献媚于任何权势，而是一如既往。所以，人们就非常愿意同他们之间建立深厚的情谊。没有什么比信任危机更可怕。因为它是贻害社会的毒素，虽然无声无息进行着却充满负面的能量，足以销蚀人的友善与真诚，更会使一个国家和民族丧失宝贵的团队精神。人们在进行相互交往时，由于各方所具备的起点、环境、习俗、规定各不相同，所以诚信便成为互通这种有无的最好管道。每个人在诚信面前，都应有明确的是非观念：诚信不是挂在口头上的标牌，也不是用来装饰形象的饰物，而是高于行动的责任感与事业心。如果全社会所有的事情都能够以诚取信、以诚相待，那么是与非的界限亦会有十分明确的划分，人们的行为也就会处在自觉约束之下，如此对于社会的管理也就会变得十分简单明了。

　　诚信如在全社会蔚成风气，那这个社会的文化修养和进步意识的程度将是较高层次的，全社会诚信程度就越是高，那些不良习俗越是站不住脚，而实现全社会诚信会使所有人从中得益。

　　诚信是具有多种表现形式的，但是不论是哪一种，都具有共同的特点，即最大限度地维护他人的利益。实际的事例与经验多次表明，那些对人对事总是报以诚信的人，有时可能会吃点小亏，经受些损失，但是这种现象仅是暂时的、局部的，而若是从长久的、全局的、发展的结果去看，他们都将获得较大的成功与收益。

良好的品格是人性的最高表现。好的品性不仅是社会的良心，而且是国家的原动力；因为世界主要是被德性统治。

　　　　　　　　　　　　　　（英）史迈尔

人品于梅

7 操作君子之风范，行事君子之端正

品行即指人的道德操行。品行又有内外之别，在心为道德，施之
为操行。凡事之举都会有个好坏善恶的区分，而好坏善恶之事又都是
与好坏善恶之人紧密联系的，于是就会产生出那些针对事物的好坏善
恶来区别人的好坏善恶的标准，这个标准就是品行。更通俗地说，品
行就是指人所具有的道德风貌。

抛砖引玉：品行的不同表现，不仅决定着某个人是当好人善人，
还是做坏人恶人；同时也影响着某个人是要去做好事善事，还是要去
做坏事恶事。因此，品行应是人毕生中扬善弃恶的座右铭。

美国有个叫乔·路易的拳王，凭着自己的拳击天分和实力，曾一度
在拳坛所向无敌，稳操胜券，即使是实力很强的铜拳铁面般的对手，
也常常会在拳台上惧怕他三分。

有次，他和朋友一起驾车出外旅游。在高速公路行驶途中，因前

方道路出现意外情况，所以他不得不采取紧急刹车措施，不料后面的车因尾随太近，尽管也同样采取了紧急刹车的措施，但前后两辆车还是发生了一些轻微碰撞。

乔·路易本人对此并未太在意，因为在公路上发生这样的事简直是太普通了，所以想与对方协商处理一下就可以使这个意外得到完美了结。但是让他没有想到的是，后面的那位驾车者此刻正在怒气冲冲地向他逼近，大声责骂他们简直就像猪一样蠢，继而又不解恨地指责着乔·路易的驾驶技术有问题，并站立在他们的车前激动地挥动着双拳，大有要把对方一拳打个稀烂的示威之势。

乔·路易则除了自始至终说着道歉的话外，再无其他言行的表示，直到那个发怒的人觉得自己内心怒气已对外全部发泄了，这才掉转身驾着车扬长而去。

乔·路易的朋友事后非常不解地问他："那人如此的蛮横无理，如此的谩骂取闹，并且竟然还敢在你这威震四方的拳王面前挥动拳头，当时你为什么就不抡起你的铁拳去狠狠教训他一顿，也好让他弄明白事理，这对于你来说不是件举手之劳的容易事吗？"

乔·路易听后态度非常认真地说："那你想想，如果有人当面侮辱了普希金或帕瓦罗蒂，那么他们是否应以自己的拿手本事，向对方吟诗或高歌以示抗争呢？"

指点迷津：乔·路易的品行与他的拳击技术同样，已经达到了较高的境界。如若不是这样，那么那个开口便骂人的家伙，一定会因此饱受一顿恶拳的伺候。不恃己所长而去向他人扬威，不恃己所长而去处理与他人之间的矛盾，这是一种不太容易做到的品行。你能否也像乔·路易那样首先是摆正自己与他人之间的关系，然后由此出发去正确处理自己与他人的纠纷，把自身的那些不同之处均是通过自己优秀的品行表现在众人面前。

抛砖引玉：人若是一心要谋取私利，损人利己，那么就会用尽心机去算计他人。殊不知这种算计其实也把自我放了进去，因为那种昧了良心的钱挣得越多，其心智就越是深深陷入良心的谴责之中，于是百般的烦恼便会久久缠身而不离去。

甲乙同是批发商，甲搞小批发，乙做大批发。

有次，甲向乙处购买了一批酱油，并彼此商议好将分3次取货。

甲第一次到乙处拉货前，乙早算准了这个日子，就先往桶里倒了半桶水，然后再注入酱油，甲在接货时并没有检查，待拉回去后方才发现，不由连呼上当。

甲第二次到乙处拉货，这次多留了个心眼，带了个打酱油的探子。而乙也偏偏料到了甲会有这般招数，在头天晚上就往桶里倒上了水，摆在院当中。由于时值寒冬，一夜之间桶里的水全冻成了冰，然后第二天再注入酱油。当甲用探子一试，所提上来的确是纯的酱油便验收了。回去后待把酱油倒出来时，方知自己再次上当了。

甲第三次到乙处拉货，甲又多了一个心眼，在用探子查验桶内酱油时，还要检查一下桶的深度，而乙又早已料到这点，在头一天晚上将桶注水后放倒，使水桶内仅一侧有冻冰，然后第二天再注入酱油，甲来拉货，果然还是再一次上了当。

有的经商者和乙差不多，下海经商不久就发了大财，买了别墅，有了汽车，腰缠万贯。但是，发财后总是逢人便打听有没有什么良药，可以治疗自己严重的失眠症。吃不香，睡不好，痛苦与烦恼地活着。

还有位经商者，听了甲乙的故事后不久，就弃商从教去做了教师，并常对学生讲授为人要善良正直的道理，让他们树立良好的品行。他虽没有继续挣大钱，但是吃得香，睡得好，健康与快乐地活着。

指点迷津：如果忽视和缺失了道德基础，经济体系势必会制造出种种没有伦理观念的怪胎式的市场行为来。所以，经济体系应建立在道德基础之上，每笔交易和事务都应被视作是在向道德品行进行挑战，且在行动上自觉接受道德的规范与检验。你可能并非是经商者，但是想过没有在你身边也是可能存在类似的欺骗行为的：比如为了想教训某个人就设计个小圈套，引诱其钻进来然后再行惩罚以获快感；比如为了否认自己某个方面的过失，而采用某些不实之词来为其做遮掩，等等。这些看上去虽然都是小事情，但是假如做多了就会逐渐成为习惯，再经由习惯形成自然的变化与发展，如此下去你的品行就可能会出现严重的滑落。所以，对其还是要防患于未然的好。

抛砖引玉：人的端正品行有时就像是面镜子，能够使人由此看到自己品行的表现，并通过比较直接照出自我身上存在的污点和不足。

　　早晨上班前，胡先生按惯例在小吃店去吃早点。那个擦皮鞋的女人会立即凑上来，一面微笑向胡先生打招呼，一面将擦鞋工具箱放在胡先生的脚前，这时胡先生便会像往常那样先是看看自己的鞋面，然后就把脚伸了出去。

　　这个擦皮鞋的女人大约40岁，听说是从某个大企业下岗不久的女职工。胡先生一边吃着早点，一边不时看着她那双来回抽动的手，这双手已显得既粗糙又多皱，这哪像是个城市妇女的手呀。

　　就在这时候，有个衣衫不整的乡下人走了过来，胡先生的目光与其一接触，立即就又缩了回来。原来，这是个脸庞上、手脚上都长着疥疮，还跛着一只脚的老乞丐。此刻，老乞丐已抖抖索索地站在胡先生面前，在伸手向他乞讨。胡先生不仅没有抬头正视，甚至连呼吸也都因此屏住了，他绝非是舍不得施舍一点零钱，而是根本就不情愿去看眼前的人，而且这让他感到含在口中的馒头和牛奶似乎都变了味。好在这时，小店里的老板见状赶了出来圆场，她塞给老乞丐几张零钞，然后催促着他赶紧离开小店。

　　老乞丐接过了钱并谢过老板，并未马上离去，而是举起手中的空矿泉水瓶，问老板能不能再给点水喝。老板当下摆了摆头，示意他自己去弄。但老乞丐站在茶水桶旁边犹豫地观望着，显现出满脸茫然的神色。

胡先生将这些都看在眼里，内心在暗想如果他这双脏手触摸了茶水桶，那其他人还怎么喝水？

这时，擦皮鞋的女人也看见此状，她站起身来对胡先生说："对不起，请稍等片刻。"然后就转身走向那老乞丐，伸手接过他手中的瓶子说："把瓶子给我吧，我来替你打水。"随后从他手中接过瓶子，拧开瓶盖在茶水桶接满水，然后又盖好瓶盖，并用袖口把瓶子上的污垢擦抹干净，这才将瓶子递给那老乞丐，同时还关心地叮嘱了几句："您慢慢喝，您走好啊！"当做完这一切后，她才又回到胡先生这边，并对胡先生说："别看他是乞丐，但他也怕自己弄脏水桶，影响了他人喝水这才犹豫不决的。"说完此话后，便又为胡先生继续擦完了另一只鞋。

当胡先生把擦鞋钱递给擦皮鞋的女人时，他的心在强烈地颤动着，不由地重新仔细打量着她及老乞丐离去的方向。但她似乎并没理会和在意胡先生敬佩的目光，又去别处招揽生意了。

胡先生走出小吃店，早晨的阳光明媚暖和，他低头看看被擦得很亮的鞋面。此情此景使他感到：这两个普通得不能再普通的女人与乞丐，不就正像这一抹阳光，用他们的那种端正的品行，把自己内心某个阴暗角落给彻底照亮了。

指点迷津：人的地位和身份固然很重要，但是对于品行而言就并非具有决定意义，也就是说品行端正并不受制于身份和地位。老乞丐和擦皮鞋女人都是非常普通的人，但是他们身上所反映出的行为，却是极为端正无邪的，他们并没有做什么惊天动地大事的能力，但是由他们的品行所折射出的闪光点，不照样是光可鉴人的吗？你作为一个利益个体而存在，必然要和周边的人与事发生密切关联，并因此会产生亲近与疏远的选择。在做这种选择的时候，出于维护利益是一方面，而另一方面则是出于品行的鉴别。所以，千万不要因为过于倚重前者，而忽视或丢弃了后者。

　　抛砖引玉：默默地施惠于人，即使受惠者没有意识到它的存在，却能仍然一如既往地持续做下去，这种状态下高风亮节的境界更为深刻，更为高尚，也更为光彩照人。

　　有个学生，父亲病重，终日卧床不起，全家四口人均是依靠母亲在外做临时短工养家糊口，因此家境十分贫寒。他之所以还能勉强上学，都是依靠母亲厚着脸皮向亲友东借西凑的才拿出了学费。

　　由于家里交不起过多的电费，于是他便决定每天放学后都在学校走廊里看书学习，因为那里有灯，天黑后可在灯光下多学一段时间。第一天他学习到很晚才起身回家，当他头顶昏暗的月光独身孤影地走出学校大门后，便看到学校的大门在身后被缓缓地关闭。所以，他就以为学校大门就是规定在这个钟点关闭的。

　　从此以后，不论是刮风下雨，不论是春夏秋冬，他天天都是按着这个钟点离开学校，也都是在这个钟点学校大门在身后被缓缓关闭。于是，他从来没有觉得这其中有什么不妥的地方。

　　直到有天，他被锁在校园里过了一夜，天亮之后才知道学校规定晚上八点半钟关闭学校大门。另外，他还得知那个看门的老大爷昨天因病住院了。至此他才完全地明白过来，原来正是这位看门的老大爷，长期以来一直在默默地为自己的自学开着方便之门。当他买好礼品赶去医院看望老大爷时，老人家却已去世了……

　　指点迷津：这件事在告诉人们，良好的品行其实就是在平凡的小事中映射出来的，它不需要张扬，也不需要回报，只是默默地为他人着想与服务。其实每个人身边都会存在如同那个看门老人这类的人，在随时地为他人开着"方便之门"。尽管这些人的行为朴实无华，但其所反映出来的品行，却如同桂树上那朵朵嫩黄的小花，时时对外释放着清新的幽香。你和他人在生活、学习和工作中，同样会遇到很多需要有人相助的事情，尤其有时这种对他人的帮助，还兴许会让自身利益受到某种程度的损失，那么届时你会像看门老大爷那样去做吗？如果，你觉得自己好像不一定会毫不犹豫地就去帮助他人，就不妨在自己处于需要他人帮助的境地时，仔细观察他人是如何来帮助你的。经过这样的将心比心的对比之后，你或许就会明白帮助他人实际也就是在帮助自己。

抛砖引玉：清清白白做人是一种境界，而具有优良品性是达到这种境界的唯一途径，很显然若是品行不端，又何以保证为人的清白呢。

林玲离开家有好几年了，因为工作很繁忙所以一直没有机会再回家去看看。这次正好有个出差路过家门的良机，所以林玲便决定回去看望家中年迈的双亲。火车在快速向家的方向逼近，林玲的思绪也在一点点地向家中逼近。午后，林玲倚在卧铺上闲翻杂志，当"清白的品行，是温柔的枕头"这几个字跃入眼帘时，家中那些普通的往事便一幕一幕地浮现在她的眼前。

那是个夏日的傍晚，林玲在自家当院的大树下纳凉。这时，她突然看见有只大白兔从门缝中挤进她家院内，林玲便起身去阻拦，但是怎么都赶不走它。在屋中的母亲听见响动便赶了出来，当她也见到其状就对林玲说："丫头算了，你看这天都这么晚了，赶出去了让它上哪儿去呆呢？弄不好兴许会让什么给叼去吃了，咱家就留它一夜吧，明天听见有谁家吆喝，咱们再还给人家。"于是，林玲和母亲找出一个笼子把这只乱窜的兔子给安置了下来。

第二天都到很晚了，始终没有见人当街吆喝丢了兔子。并且，又过了好几天，还是没有见到有人前来找兔子。随着这只兔子在林玲家一天天的住下来，母亲的心却在天天感到不安起来。

林玲的母亲很善良，很看重人的品行，且也很要面子，像"瓜田不复履，李下不正冠"这类古训，她既没听说过，当然也看不懂，但却凭着做人莫坏了良心的品行，言传身教地深深影响与教育着林玲他们几个子女，一生都要清白坦然地做人做事。所以这只误闯入林玲家的兔子，成为母亲终日不安的心事也就不足为怪了。

一天晚饭后，在大家的闲聊中，母亲的不安再次流露出来。她一边给兔子喂着青草，一边喃喃地对着兔子说："兔子呀，我怎么老觉得眼皮在跳，耳根在发烧？你说是继续喂你还是放了你？"兔子这时只顾埋头津津有味地吃草，根本就没有抬头望望。

母亲见到此情此景，不禁深深叹了一口气，走进屋从父亲的钱夹里抽出两块钱就转身出去了。不多一会儿她就返回家来，一进家门就如释重负地对大家说："我把两块钱丢在西边大路口了。随便是谁拾了去，就当是赎买这只兔子的钱，省得我每天晚上怎也睡不踏实……"

随着浸满浓浓亲情的长长回忆，火车此刻已经停在车站上，林玲赶忙收拾行李下车。出了车站后，她便直接去了一家大型超市，并在那里买了最昂贵、最舒适的枕头，然后乘出租车回家了。

指点迷津：对于这件小事，也许在有些人看来会觉得有些不可思议，甚至还会有人认为这种做法难免过于迂腐天真，但也定会有人对其表示理解并且存以同感。人生于世，总是会和各种各样的事联系在一起，其中有些事情也许根本不为他人所知，但它们却无论怎样也躲不过良心的审视，尤其是在良心最靠近灵魂的午夜时分。你对这件事怎样看待，你所给出的结果其实就带有你品行的轨迹。兴许你的家长、老师们都在指导你要清白做人和清白做事。实际上清白说起来容易，但是做起来就不那么简单了，因为这其中会有犹豫、彷徨、迷离与误会等现象同时存在，搞不好就会出现偏离，使得清白名存实亡。所以，你要经常用反思来对自己的行为进行检点，及时消除那些污点以利清白做人。如若是这样，你就会感觉到清白的良心仿佛就是那个温柔的枕头，当你枕着这个温柔枕头时，就可让自身安安稳稳地进入幸福梦乡。

成功秘籍

每个人都有自己的品行，其存在属性是绝对的，而其好坏属性又是相对的，是在人生漫漫岁月中养成的。在品行形成的过程中，环境、教育、喜好等因素，起着决定性作用，即所谓的"近朱者赤，近墨者黑"。品行端正者将会对他周围的人形成深刻的影响力，在这种影响力的直接作用下，便会促使事物向着有益的、高效的、高层次的方向发展，并且最终能够顺利地达到预期目标。清清白白做人是一种境界，而优良品性是达到这种境界的唯一途径，很显然若是品行不端，何以保证为人的清白呢。那些常常做好事、善事的人，也就是最接近成功目标的人。

即使是伟人，在他身边存在的也差不多是普通事物，当他去做这些事物时，所反映的那种精神与品行就非同一般了，因为人们可以透过这些行为见到楷模。曾国藩曾说："司马温公曰：'才德全存，谓之圣人；才德兼亡，谓之愚人。德胜才，谓之君子；才胜德，谓之小人。'余谓德与才不无偏重。譬之以水，德在润下，才即其载物溉田之用；譬之于木，德在曲直，才郎其舟楫栋梁之用；德若水之源，才即其滋润；隐若木之根，才即其枝叶。德而无才以辅之则近于愚人；才而无德以主之则近于小人……二者既不可兼，与其无德而近于小人，毋宁无才而近于愚人。"人的品行其实就是面镜子，它能够使人看到自己行为的轨迹，并通过比较直接找到自身存在的污点与不足。

智者宁可防病于未然，不可治病于已发；宁可勉力克服痛苦，免得为了痛苦而追求慰藉。

（英）托马斯·莫尔

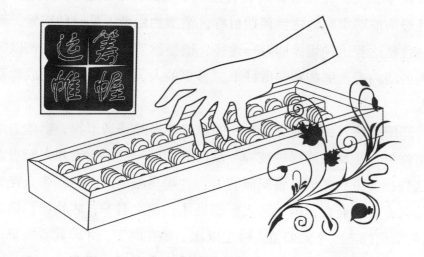

8 谋划有策,巧为无米之炊;运筹有方,寻求饱腹之道

资本是指人们用来经营的本钱,也是进行建设项目的必需资源,它可以在运行中产生利润,也可以在生产过程中创造剩余价值,而所有这些过程都是依靠运筹来加以具体体现的。资本的增值是全社会所有经营者所追求的最终目标,而运筹就正是实现这个目标的手段。资本有时也像是个冥顽不化的神灵,它既会让成功者鼓舞欢跃,也会使失败者捶胸顿足,那么孰好孰坏就完全取决于人们的运筹之策了。

抛砖引玉:达·芬奇前去拜师学画,老师只是让他终日里去练习画蛋。初练之刻,倒还新奇并兴趣盎然,但是久而久之便失去新奇感而心生厌烦,总觉得笔下千篇一律毫无新的变化。但是,此刻老师却始终在敦促达·芬奇不能私自停笔不练,于是他只得硬着头皮练下去。持久练之,顿生悟性,每次画蛋,达·芬奇总会得到些新异发现。最后,正是这种悟性使得他终于成为非常有名的画家。

水聚低洼处，钱逐高利走。这些都是事物所必然循行的内在规律。如果我们将水看作是财富，那么谁能够锐眼识别到那个可聚财的"低洼处"，谁就肯定能够率先地走向富裕。同理，谁能够锐眼识别到"高利"是在何方，谁就肯定能够让手中的钱出现加倍的增长。

　　随着城市建设步伐的日益加快，建筑石料业已成为市场上的缺手货。于是，就有精明的人看到了这个聚财的"低洼处"，便随即开始经手开采山石的经营。在靠近城市边缘地带有个较大的采石场，它是由一位擅长经营、头脑灵光的投资商开办的。这位投资商依靠开采石山的营生赚钱，全年干下来少说也有几百万的利润会进到自己的账上。

　　有段时间，这位投资商不断地在采石场的周围转悠，一会儿看看这，一会儿又量量那，反正总是不让自己闲下来。最终，他做出个决定：要把采石场周围的一大片空荒地买下来。人们原以为他在赚了很多的钱后，想必是企图在房地产业投资赚钱吧。可是，这块地买来很久了且几十千米外都已出现新的建筑群，并大有朝着这边逼近的趋向，可投资商这边就是毫无动静，那块地始终一直被闲置着。

　　人们难免开始猜测，这位投资商买这么大片的空地，到底是想干什么？是钱太多在恣意挥霍吗？是因为市场信息失灵吗？在一次行业洽谈会上，有人才总算搞清这位投资商真正的投资目标：他把采石场周围的土地都买了下来，其实是为了阻止今后房地产开发商前来采石场周围购地盖房。因为，此处一旦被建起了住宅楼房，那么住户们势必会因采石场的爆破声和扬起的灰尘，而联合起来投诉采石场在扰民，那么采石场的生意就别想再继续做下去了。鉴于这种情形，投资商就抢先把四周的土地买下来，如此便避免了近几年采石场将会遇到停办的经营风险。

　　关于对这块土地的今后的使用方向，投资商是这么设想的：采石场旁边的土地，其当前最高价值的用途就是被空置着，确保采石场的经营不会受到任何的干扰。若是这片土地用来盖房子的价值已经超过采石场的经营收入，那么房地产开发商势必会前来买下整个采石场的。

投资商在做出如此经营决策时，兴许他并不知道科斯是谁。但是他的这种非常精辟的经营悟性与非常聪明的资本运筹方法，完全是与科斯定理相符合的：即你所掌握的资源与资本，应该被使用在能创造出最高价值的用途之上。

指点迷津：这位投资商依靠自身非常敏锐的经营眼光和非常精辟的经营悟性，看到了投资经营中存在的风险。于是就采取措施抢先行动，消除了短期内这种风险发生的可能性，使得经营非但可以正常进行下去，还因此夺取了日后转向其他投资建设的主动权，真可谓是一石二鸟。通过这个故事，你要明白资本对于人生而言是很重要的，并且对于运筹经营资本的悟性就更显重要。其实，每个人都具有立世的资本，这就是你的才智、能力、经历和经验。但仅仅有了这些还是远远不够的，还需要对其加强历练和修养，使得自身能够具备良好的悟性，并且在实践中善于对其进行经营与运筹。唯有如此，你才不至于处于被动局面，从而扬长避短，胜人一筹。另外，只有进行有效的投资，才会实现资本的增值，那种因为回避风险而采取保本投资的保守理念是应该慎重待之的。你在生活、学习和工作中，有时也是会遇到这样的问题。例如，当你设定了考大学的目标后，应该怎样进行实际投入，以及应该怎样看待其实际效果，不同的选择，便会得出不同的结果来。假如目标设定得较高不切合实际，则会因为很难达到导致全盘皆失；假如目标设定较低过于保守，则可能因此错失良机。所以，你一定要能够稳定把握住每个小目标，并通过每个小目标的逐步完成而逐步接近最终的目标，这样做起事来你的举止就会稳妥得多，成功的几率也相应会成倍地提高。

抛砖引玉：每个人都有着属于自己的资源，且当人们在使用这些资源时，所产生的收益兴许会是各不相同的，特别是当需要对已获得的收益进行某些舍弃时，人们之间那种对于资源运筹孰强孰弱的能力，就会十分明显地展现出来。实际经营之道也是门很深的学问，赚钱不赚钱与经营能力及经营方式是直接相关的。那些善于经营者，在其眼中所能看到的总是赚钱的机会，即使是在他人看来很不起眼的小事情之上，他们也能够敏锐地寻找到赚钱的蛛丝马迹来。

北京东来顺涮羊肉，是家老字号的餐饮店，其在海内外已是皆有口碑。东来顺涮羊肉的创办人丁德山是个深谙经营之术，极有经营谋略的经营者。当年，他的那般经营手段囿于历史条件和个人素质的限制，于今看来难免带有较为浓重的"土味儿"。但是，却能使得顾客们万分高兴地奔此而来，因此打下生意兴隆和收入颇丰的根基，使那些竞争对手纷纷地败下阵去。

志得意满的丁德山，曾用几句话对亲朋好友道出了自己的经营胜算与经营奥秘：在穷人们的身上赔进小钱，在阔人们的身上赚取大钱，让他们各自都带着自身亲历感受的活广告，在京城的大街小巷到处传播。其实，他的那些经营窍门，除了让有钱人自觉自愿地向他那里"扔钱"外，也并没有真的就在穷人身上赔进多少的钱。

东来顺餐馆设有楼上楼下的不同餐位，楼下普通"大板凳儿"餐位，使用的各种原料，大多是楼上雅座餐位所余的粗料，其实那些肉渣、骨头与菜帮等均已被计入成本中，即使将其全部扔掉也于事无碍。但善于精打细算的丁德山，却把这些东西都充分地利用起来，在"大板凳儿"餐位廉价出售，这样做既满足了部分穷人的消费需求，又得到了一笔被捡回来的经营利润，这又何乐而不为呢。

东来顺餐馆每年都要维修炉灶，每当此时便会照例停业几天，丁德山对此思虑再三后，又在其上做起了他的经营文章。在将要停业的前几天，他就让伙计们往食物里多加些油和肉，以便给顾客留下很深的消费印象。当停业之后，顾客再到别处去吃饭时，很容易将东来顺拿来作对比，并会觉得哪儿也不如东来顺油多肉厚。炉灶修好后，顾客们自然是迫不及待地又都被招回来了。等到将这些顾客稳住后，东来顺的油和肉又逐渐恢复到正常的用量。就这样，东来顺建立起稳定的品牌忠诚度。

东来顺在顾客吃饭的饭桌上，有时会添上名曰"敬菜"的几小碟酱菜，名义上是对外免费的，实际在买单时均被加入费用中去，这样既赚取了顾客的钱，又赚得了顾客的满心欢喜。东来顺所卖的羊肉片，切得极薄，装盘后看起来丰满诱人，下锅后又极易熟，这样便是等于维持了相对的低成本。他们卖年糕，在出售前都要刷层奶油，这样既漂亮耐看，又量足压秤。

当时的商业广告行业并不发达，于是丁德山就想了很多土办法去招徕顾客登门。比如，餐馆门前搭起炉灶，用大锅当众煮面条，像演杂技一般由厨师徒着手由滚烫的开水中捞取面条，同时四下里大声地吆喝由此吸引人们注意力。有时他们还让十多位厨师一字排开，当众挥刀切肉，只见在菜刀挥舞之下，肉片像雪片似地纷纷落下，许多顾客看到后受其感染，难免会上前解囊购买。

当然，现今再看丁德山的经营谋略，便会觉得其中有些已经过时落伍，且有的也仅是博一笑而弃之。但是，值得人们深思的是：相对于顾客满意度，相对于赚取最大利润，相对于建立百年品牌，究竟需要选择怎样的经营谋略呢。

指点迷津：东来顺是老北京非常著名的饮食品牌，在上个世纪六七十年代，能在东来顺去吃几顿饭，也是件足以在他人面前来回显摆的事情，由此显见这家饭庄的影响力还是很大的。东来顺之所以具有这等的市场优势地位，都是经营者丁德山那般足智多谋、精细运筹、善于变化的结果。可以说为了招徕消费者，他们极尽自己的所有思维能力，搜肠刮肚、千方百计去迎合人们的各种消费需求，硬是把普通的饮食做到了极致的程度，所以才会在消费者心目中长久留下了"东来顺"这几个醒目的大字。你在生活、学习和工作中可能已经体会到，有很多智慧和经验对于自身的处境是有很大帮助和益处的。而在你身边存在的那些遇事爱动脑筋，常会出很多的好主意，反应机敏，接受与认识新事物较快的同伴，都是大家所愿意接近和十分佩服的人，并且较难的事情让他们做起来却会容易得多，他们也总会是较他人能更多地得到成功的机会。你如果想加入到这样人的行列中来，那么就要从培养勤思、善思、多思开始起步，养成事事处处注意观察，精辟分析，细作运筹的好习惯。人生的经营与商道的经营，其实存有很多的共同点。人生在世则是希望自己活得真实、活得轻松、活得如意；人处生意场中常是希望自己得以获利、得以发展、得以成功，反之也是同样。故事中的那个不同于众的人，就正是非常善于人生与商道经营运筹的成功者。他的非凡经历在启示人们：不论是成功人生还是成功商道，都是需要去加以经营运筹的，而那些擅长、勤勉、精致、持久的经营运筹能力，往往决定了能否取得最终的成功。你也应该像他那样，敢于正视自己的长处和短处，不要总是因怕失去身边的东西，变得谨小慎微，裹足不进；更不要为了得到某些东西，而千方百计地去媚俗媚世，我行我素。其实，你若是具备了较高的素质，则更需要正确体现自我、表现个性和运筹人生。

抛砖引玉：在与困境的争斗中所形成的资本，是殷实与难得的；而在意外中获取的资本，则因其毫无根基故极易再次地得而复失。

霍财主十分喜爱雪，这不仅是因为他生在多雪的冬季，还因为这雪可以使他那总在燃烧的亢奋情绪降降温，从而让内心的感觉舒适些。

这一日又逢大雪降下，霍财主自然是兴奋异常，便嘱咐下人在自家楼阁上安排酒宴，晚上他要和陈举人喝酒赏雪以尽兴致。晚宴开始后，屋外被冰雪覆盖映照得一片白亮，霍财主与陈举人边喝酒赏雪，边相互聊着近来的一些闲杂事。

就在这时，他们透过窗户看见院墙外有个穿着破烂单衣薄裤的乞丐，蜷缩颤抖着身子站在那里。霍财主便推开窗子厉声喝道："叫花子，赶快走开，不要冻死在我这里沾染晦气。"那乞丐听到呵斥便仰起头说："慈善的老爷呀，我很抗冻再冷也冻不死。但现在我很饿，已经两天没吃东西了，您老行行善，就给点吃的吧，否则我真的就会饿死在这里了。"霍财主无奈，便叫下人去给他点吃的打发他尽快离开。那人吃了东西后，把身子挺了起来，颤抖也基本停止了，便冲阁楼上道声谢准备转身离去。

霍财主这时却出人意料地喊住了乞丐，并隔窗对他说："你且慢走开，为什么你就不怕挨冻呢？"乞丐笑笑说："老爷，您瞧我上下这幅穿戴经年不变，且多年来不分四季总是如此，所以本人练就了一身既耐热又抗寒的生存本事。"霍财主摇着头说："我不相信，普天之下哪会有冻不死的人？我愿同你打赌，今晚你在那里站着别动，如果一夜之后你没被冻死，我情愿输给你一百亩田、一宅大院、一家当铺；如果你被冻死了，那也是出于自愿不关我事。你敢不敢打这个赌？"乞丐思忖片刻回答说："老爷，您此话可当真？"霍财主说："诚然，君子一言，驷马难追！"乞丐又问："那由谁来为我们作证呢？"霍财主说："证人嘛是现成的，陈举人德高望重，最合适于此了。"乞丐点了点头说："我只提一个条件，你若答应我就赌。"霍财主问："是什么条件？"乞丐说："给我一捆干柴，让我站在干柴上就行。"霍财主想了想说："站着可以，但不许坐下去。"乞丐微微一笑说："一定不坐，除非是我冻死了。"

于是，双方推举陈举人出面作证，并且立下了文书契约，双方均签字画押后，交由陈举人收存待日后作为公证的凭据。

这一夜，霍财主派了四个手下人轮流监视乞丐的举动。而那乞丐就在院墙外的一堆干柴上站了整整一夜，天亮时分霍财主陪着昨晚留宿的陈举人外出查看时，只见乞丐两只脚还在干柴上来回地踩踏着。

霍财主按约定低头认输，当即就和乞丐办理了一百亩地、一宅大房子、一家当铺的产权移交。这样，乞丐便突发横财，成为霍财主的近邻。他随后娶妻生子组成家庭，逍遥自在地过起了丰衣足食的好日子。每年冬天遇有下雪天气，他就会自然想起雪夜赌命的事情，并很感激霍财主的"创举"，总是要请他过来共同饮酒赏雪。

到了第六年的冬天，雪下得非常大非常厚。于是，有天霍财主主动做东，请乞丐财主及陈举人共同饮酒赏雪。乞丐财主身着裘衣，头戴裘帽，脚蹬皮靴前来赴约。三人开怀畅饮间，难免要共同回忆六年前的那段往事。这时，霍财主又出人意料地对乞丐财主说："你真有天生的财主命，那一夜没死就交了好运，日子过得好起来了。不过你还敢不敢再同我打一次赌，这赌注嘛还是当年那么多，赌法也同当年一样，我若是再输了，还会给你那么多财富。你若是输了，不但你算是白死，还要把原先所赢得的那些财富如数归还于我。"

乞丐财主听后便开口说："这有什么难的，我照样会……"但是，说着说着便开始犹豫起来，他看着自己身上的穿戴，想想外面的三九严寒，就怀疑自己能否像当年那样单衣薄履经受整夜严寒侵袭呢。霍财主看见他有些为难，便哈哈大笑说："你看屋檐上挂的冰柱，没有当年那么粗、那么长，可见今年冬天虽冷但也不及当年呀。那时，那样寒冷你都经得起，现在怎么反倒成了懦夫啦！"乞丐财主被这番话刺激，当年那种泼皮性子就显露出来了。于是，他站起身来自信地喊道："谁是懦夫？赌就赌吧，你要是再输了可不要心痛你的那些财富呀。"说完之后，两人又同邀陈举人作证，立下文书字据决定一赌为快。

结果，仅是半夜刚过乞丐财主就浑身哆嗦着坐下身去，他想用那些干柴遮挡身子保暖驱寒，但这哪里还管用，天不亮他就被冻死了。

指点迷津：人总是会改变的，即使是再抗冻的铁硬骨头，如果在被窝里捂上两年，自然也就会被捂酥了。叫花子之前所以抗冻，那是因为他长年累月单衣薄裤的呆在冰天雪地里，自身产生了适应大自然变化的抗御能力，这也正是他得以生存的资本。当他因此暴富起来之后，拥有了另外的资本，且由于手中的财富来之太易，所以他不知道如何珍惜与正确使用这些资本，不知道如何维持原有的资本不变，故

082

而又倾命再赌终得惨败结局。你兴许已经看到了正确认识自身资本的价值，学会正确使用和保护现有的资本，善于扬其长避其短，对于幸福人生及成功人生而言是至关重要的。

成功秘籍

资本是人们进行投资经营的必备资源，通过资本的经营运筹可以在生产过程中创造剩余价值及产生利润，追求资本增值几乎是所有经营者的最终目标。

对于资本经营运筹的诀窍每个人会有各自不同的理解，但是，不管是怎样的观念，对其"积存小利，显见大成"的悟性却是绝对一致的。并且在实现集大成的资本经营运筹中，均是先去依靠每个小目标的实现，然后逐步完成资本的增值与积蓄。

资本有时竟会像个冥顽不化的神灵，既会让成功者鼓舞欢跃，也会使失败者捶胸顿足。每个人都在极力维护和利用属于自己的资源，且当人们在营运及使用这些资源时，所产生的收益会存在较大的差距。

在与困境的争斗中所形成的资本，本是殷实与难得的；而在意外中获取的资本，则因其毫无根基故极易再次地得而复失。

参与激烈的市场竞争，有时如同逆水行舟，不进则退。虽然每个经营者所拥有的资源与资本各不相同，但是其资本运筹能力的高低则决定着其经营发展的快慢与成败，这同时也是所有竞争者所共同面对的重大课题。

当需要对已获得的利益进行某些舍弃时，人们之间那种对于资源运筹孰强孰弱的能力，便十分明显地显现出来。

从最广博的意义讲，宽容这个词从来就是一个奢侈品，购买它的人只会是智力非常发达的人。

（美）房龙

开口常笑笑人间可笑之由

大肚能容容天下难容之事

9 毫不保留舍弃自我，襟怀坦白利为他人

宽厚是指一种优良心态，更是一种高尚美德。宽厚者的心胸容得下五湖四海，宽厚者的眼中容不得私欲、妒忌和斤斤计较。他们总是循序"先天下之忧而忧，后天下之乐而乐"的信念接人待事，对他人的奉献、对他人的鼓励、对他人的接济，均是他们所津津乐道的事情。

抛砖引玉：往往在失意与落魄之时，就最容易看到一个人是否具有宽厚的心态。因为，人们在重重困境中总是会寻找些理由和借口，用以发泄积郁胸中的那些愤愤不平。一般而言具有宽厚心态的人，则很少会出现这样的现象。

知恩图报是一种宽容善良的美德。人如若是懂得感恩，那么其心地必然是宽厚的，心胸必然是开朗的，与人们的关系自然也是非常融洽的，人若是已经具备了这种品质与素质，那么就更加接近成功的边缘。

有家国际大公司的公关部准备招聘职员，虽然只是招聘一名职员，

但是由于该公司的品牌与实力，前来应聘者竟然达到数百人之众。经过几轮层层的筛选，结果仅剩下5个人进入到最后一轮的测试。当最后测试结束时，该公司并没有立刻公布结果，招聘组织者仅是挨个通知这5人，最终聘用谁需经由公司高层讨论通过后才最终决定，所以请应聘者耐心等候消息。在这5名应聘者中有个女孩儿显得尤其突出，在前面的测试中她显露了很强的才华和实力，所以一路过五关斩六将的硬是闯了过来，不论是公司人力资源部门还是应聘者，都对女孩儿的最终胜出给予默许。

几天后的一个上午，这个女孩儿在忐忑不安地焦急期盼中，收到该公司人力资源部发来的电子邮件，于是便迫不及待地将其打开来看。但是，当她看完邮件后，脸庞上露出的并非是快意的笑容，而是一长串的泪珠：原来她被告知落聘了。公司的邮件是这样写的：我们很欣赏你的气质、学识、才华与能力，但是实在是因为本次招聘名额有限，不得不非常遗憾的例行忍痛割爱之举。但我们向你承诺今后若是再有招聘的机会，将一定会优先通知你。

女孩儿静静地坐在那里，沉默不语。到了下午时分，她逐渐将自己的心情收拢和控制，自信的神情也随之重新回到了脸庞。她并没有自怨自艾，也没有对该公司的做法产生任何怨恨，相反她感到自己在应聘中或许存在一些不足，如果认真反思一下，或许对将来的个人发展是有益的。于是，她就动手给该公司回了封简短的电子邮件，她在其中对该公司的招聘工作及公司对自己的安慰均表达了深深的谢意，并说自己在这次应聘中通过与贵公司接触的确学到了不少宝贵的东西，最后还预祝该公司今后发展得更好、更快。

在一个星期之后，她突然接到该公司人力资源部发来的录用通知书，通知说她被正式聘为该公司公关部的职员。待到公司报到后，她才彻底搞明白原来那份落聘通知正是公司对他们进行的最后一次测试。而且在这5人当中，只有她给公司发回了感谢信。于是，她便幸运地顺利地通过所有的测试，并且获得了最终的成功。

指点迷津：女孩儿在应聘中过五关斩六将逼近成功，便在内心燃起希望的火焰，但是所接到的落聘通知便如同迎面泼来了冰水，使得她的希望似乎被彻底地冰封了，且不得不因此而黯然泪下。不过女孩儿的心态是宽容的，所以她采用了最好的方式应对这次人生的困境，结果反而因此获得了成功。你在生活、学习与工作中要想避开与他人之间那种事事攀比的烦恼，就必须要将自身的心境平顺地放置下来。你可能也经历过满怀信心地去应聘，结果最终是落选之类的不幸结局，这是件非常令人尴尬与恼火的事情，如果你的心态是宽厚的，那么因此所受的影响就将是很小的，反之则会将你引入心态的困境中。你应该清楚，个人的意愿和实际境况总会出现差别，因此必须临事临时地进行调整，而宽容的心态就是进行调整的最好工具。比如，你想顺利地进入一扇较低的门，就必须将头低得比门框还要低一些；你想登上成功的顶峰，就必须得弯下腰身做好努力攀登的准备，这些都是人们宽容心态的具体表现。其实在生活、学习和工作中，类似于这样的事情还会被列举出许多来。当人们的预期目标和心中的期望久久得不到实现与满足时，心情总会是焦虑不安的，除了要自我谴责一番外，还会对身边那些不顺眼的事情痛加责怪，以便由此来慰藉自身那受到创伤的心。你如果也是这样去做的，那么就应该像那个女孩儿学习，多从大度行善的方面来安慰自己，不必对身边的事情过分责备和哀怨，不必过于计较暂时的得与失，不要让悔恨与烦恼的不良心绪侵蚀了积极进取、乐观向上的良好心态。大声地对自己对他人说声，没关系，继续努力奋斗，因为明天比今天更重要。你应该牢记：其实真正的强盛并非总是使用强悍之力，而也是需要使用柔韧之力的，因为有时前者属于短期的爆发力，而后者属于长久的持续力。你在对待眼前所有的人和事时，应该始终保持较为宽容的姿态，凡是行事时总能够低头做人，兴许所有的事情就会做得很顺畅；并且你若是采取了低姿态，便可以避免因嫉妒而产生的那些人为障碍。当你学会了放下身段的宽容之举后，才能够与人们和平相处保持融洽的关系。若是学会了宽容，则定会是受益匪浅的。

抛砖引玉：现在有句很流行的话，叫做"穷得就剩下钱了"。这其实也是当今的人们，对于那些不能以宽容心态看待财富与人生关系的有钱者的深刻比喻。

凡富人们到寺庙里去烧香拜佛，大都不过是花几个钱来还还心愿，以期缓解那心中郁闷罢了。这不，近日里寺庙里又多了这么个主儿。

这个人的确很有钱，且是个远近皆闻的成功人士，关于他的传奇还真有不少流传于社会中，以至于当地许多家长，都把他列为教育子女日后成功的楷模与典范。但就是他，由于近年来欲望和烦恼的轮番折磨，终日亢奋不落，心神不宁，寝食难安，以至于严重影响到了身心健康。为此，他深感忧虑，就找了很多名医问诊，并且花很多钱买来各种治疗保健药，但是始终都未见有所好转。于是，有亲友建议他，到寺庙找有名气的住持方丈来给点化一下，兴许会有意外收获。

于是，他便循名气前来这座寺庙寻找住持方丈，希望能被其指点迷津，早日脱离心灵的苦海。当住持方丈和他交谈后，并未马上给予任何指教，只是建议他留住寺庙几日，并且要每日负责修剪寺内的花草树木。10多天过去后，住持把有钱人召唤到跟前问道："施主每日修剪花草，可有所心悟？"有钱人双手合十回礼并说道："您这寺庙里的绿化虽然很好，但也太显普通了，回头我给您弄些名贵的奇花异草来好好装点一番，才算配得上咱这千年古刹的品牌吧。"住持听后含笑无语，转身离去。

又过了几日，有钱人终日与花草为伴就是不见住持前来指教，就有些沉不住气了，亲自跑去找到住持问道："尊敬的师父，您每天叫我做这些事，又不与我交谈到底意欲何为呀？"住持含笑问道："施主近日可有所悟？"有钱人若有所思地细想一下后说："我觉得烦恼和欲望就像这花草一样，若时时修剪，便会慢慢消失。"住持听后说道：

"可是施主，这些花草在您修剪后不是又都长出来了吗？可见欲望和烦恼是修剪不掉的，就像这花草一般，会剪了又复生。我们所需要去做的是引导欲望，认可烦恼，如果你能以宽厚的心态来对待之，那么金钱可以改善自己的生活，男女之欢也可促进夫妻和谐，这些原本都是美好的，只要你引导的好，不作为负担而背负，那你便可以安然处之了。"

第二天，有钱人就离开寺庙回家了，因为他已经从内心明白：原来需要修炼的不是去掉烦恼，而是需要修炼面对烦恼的心态和心智。

指点迷津：有钱人虽然受到世人的羡慕，但同时也会有自己内心的苦楚。绝不是有了钱，就意味着拥有了一切。当人有钱后财富的确是增加了，可是心烦的事竟然也会同时增加着，更为有甚的是此刻的心情并不像事先预想的那般放松和愉悦。对此现象，寺庙住持给予了最好的破译：人的欲望和烦恼是不可免除的，所应该去做的只是要对其加以认可，以及对其加以引导。只要能以宽厚的心态来处之与待之，那么美食、美色及富有这些事物原本美好的一面，便会成倍放大并足以抵消其负面的影响，使得人们不会将其视为心理负担而存在，如此一来便有可能对其安然处之了。你不一定是在钱财方面存在烦恼，但是在生活、学习和工作中确实也存在不少的心烦事吧。这其实没有关系，你完全可以以宽容心态为"剪刀"，经常地去"修剪"那些冒出头的欲望和烦恼，然后既轻松又愉悦地向着成功的目标前进。

抛砖引玉：宽厚也是一种心境，它会使人变得十分善解他方之需，并由此萌生自觉的行动，持之以久地、心甘情愿地、不计报酬地善待他人。

天底下真的有类奇怪的事情，当你不解其情时，可能会怪这怨那的不可思议；但是当你了解知道其情时，兴许就会为之倾情与喝彩。

有位村妇常去村外那条小河边挑水，在通向小河的那弯弯曲曲的小路上，其他挑水的人们总能看到这位村妇的两只水桶有一只是漏的，当她在河边给两只水桶汲满水后，就挑起水桶向家中走去，一路上那只漏桶总会沿途将河水撒漏在小路边，每次到家时这只水桶便会漏得只剩下半桶水了。就这样，数年以来日复一日，村妇天天去河边挑水，天天只能挑回家一桶半水。久而久之，人们便将这件事视作村里的奇事，在街头巷尾广泛流传着。

终于有一天，有些个外来客也看见这番情景，并且还听到村里人的专意介绍，感觉非常奇怪就忍不住找上前去问村妇："你的两只水桶中有一只是漏的，难道你就一直没有察觉到吗？"

村妇随口答道："它们挑在我的双肩上，我怎么会不知晓呢。"

外来客则满头雾水地追问："那你为何不及时将其修补修补，要知道任其这样漏着，你每天挑回家的仅是一桶半的水呀？"

村妇这时则用手指着那条小路说："你都看到了吗？在这条小路的一侧长着些花与草。我每次挑着漏的水桶经过它们时，就可以顺便为它们浇浇水，虽然我只能挑回家一桶半水，但是每当看着这些花草能如季的开花结籽，并点缀着这条小路也就心满意足了。"

指点迷津：村妇的奇怪举动，其实表现出了她那博大的宽容心怀。当人们知道其真情后，谁还会怀疑她对人们不会用同样的包容之情来待之呢？一两天地做这件事是不足为怪的，而长久地去做这件事就会与众有别了，这种特别就是那颗宽厚的包容之心。其实，在你的生活、学习和工作中，也会存在很多这类的"路边花草"，就不知你能否随时地感知与识别它们。诚然，这里的先决条件是你必须具有宽容的心态。通过这个故事，你还可以体会到假如把每个人的能力比作是"木桶"，那么人们自身的那些不足与缺点就好比是"木桶"上的裂缝，而你的心态若始终是宽容的，那么"木桶"上的裂缝就将会很小很少，你的能力也就会有较高的表现。倘若你总是怀着一颗宽厚包容的心，去发现和理解你身边他人的长处，并相应很好地约束自我的短处，那么你就能够不断地扬长避短，如此你的生活也一定会是轻松愉快而且丰富多彩的。遇人和遇事你均要懂得如何适当地进行舍弃，唯有这样你才会通过较高的境界去接人待物；其次你要懂得如何向他人施助施惠，唯有这样你才不会被自私贪婪的欲望所浸染；再有你要学会如何去忍耐，唯有这样你才会持续地得到前进的动力。而在舍弃、施惠和忍耐中都包括了要牺牲个人部分利益，要能够心胸开阔包容一切，要有长远的眼光和全局观念。可以说真正做到这些，绝非是一时一事与一朝一夕的事情，在这里面的历练和修养，绝不亚于唐僧西天取经时所历经的千百苦难。

抛砖引玉：令人惊喜的是在我们生存的这个星球上，生存有很多的植物与动物；令人遗憾的是在我们生存的这个星球上，有很多植物与动物正在逐渐地逝去。

凡是去过韩国北部旅游的人们都知道，在那里的乡间公路两旁有着众多的柿子园。每当时逢金秋季节，便会满树显露出半绿半金黄的景色，且这般硕果累累的景象绵延数里之长，甚是蔚为壮观。不仅如此，还有个奇特的现象，深深吸引着旅客们的关注，这就是农民在采摘柿子的整个过程结束后，仍然会将一些看上去已经熟透的柿子留在树上不再摘下来。经过他们前去探问，当地的果农则回答说不管这些柿子长得多么诱人，我们也不会将它们摘下来，因为这是留给那些喜鹊们的食物。

后来经导游的详细讲解，大家这才知道：原来这里原本是喜鹊的栖息之地。每逢冬季来临，喜鹊们便都会从四面八方聚集在此地，并在此处的果树上筑巢过冬。有年冬天，因为连下了几场大雪气温特别低，所以有数百只找不到食物的喜鹊一夜之间全都被冻死了。但是，这件遗憾的事情并未由此而结束。等到了第二年的春天，当所有的柿子树重新吐绿发芽时，一种植物害虫突然泛滥成灾，将柿子树上刚刚长到仅有指甲盖大小的树叶全都吃光了。结果那年的秋季，所有的果园里没有收获到任何一个柿子。这时，人们才注意到喜鹊对于人类和对于环境的好处。从那之后，在每年秋季收摘柿子时，人们便都会特意留下些柿子，将其作为喜鹊们过冬时的食物。喜鹊仿佛也会对人们的宽厚之情知恩图报，当春暖花开时也不急于飞走，而是整天忙碌着捕捉果树上的那些植物害虫，从而保证了这年的柿子又将是大获丰收。

指点迷津：这个故事道出这样的道理：动物是懂得感恩的，大自然也是懂得感恩的，而人们就更应该懂得去感恩，只有达成了这种互相的感恩关系，才会赢得人与自然的和谐发展，而宽容则是达成这些感恩关系的最强有力的纽带。现代人越来越清楚地意识到，人类生存的环境不仅仅是属于人类独有的，保持良好的自然生态环境，维护大自然生物链的持续繁衍，已成为当今重要的课题。于是人们开始懂得：对于生存环境和其他动植物种也同样要采用宽容的方式来对待。同样道理，你在生活、学习和工作中也是需要认真营造良好的环境的，当你在某些方面强于他人时能够戒骄戒躁，常是无私无怨地去援助弱者；当你在某方面弱于他人时能够虚心求教，常是毫无妒忌地去学习强者，这样一来你的身边便会减少很多矛盾和误解，总是以轻松自如的心情投入到生活、学习与工作中去，成功的机会也自然多了起来。假如，你能以宽容之心容纳他人，那么他人也会以同样的宽容之心来对待你，这样便会在你与他人之间形成双赢或多赢的和谐局面，那么你谋取成功的梦想又何以不能如期而实现呢。

成功秘籍

常言道"打人不打脸，骂人不揭短"，从字面上理解即是说要心存忍让之情，做任何事都必须留有余地；从寓意上感悟则是指要宽厚待人处事，遇事要能够多为他人去着想。回顾人类生存的经历，可以看到其实它并不是个多姿多彩的大花环，也绝非风平浪静沿江直下的顺风船，更不是处处显见欢快和惊喜的人间喜剧，而是个充斥着甜酸苦辣咸的五味瓶，是夹杂着喜怒哀乐的五线谱。你唯有具备了对己对人的宽厚心态，才能够对其进行真实地、正确地品味与践行。

生活、学习和工作，可以给人们带来有益的情调、知识和收获；但同时也会给人们带来郁闷、焦躁和失落，关键在于每个人能否以宽厚的心态加以对待。宽容的心境虚怀若谷，它会让人们彼此之间十分善解他方之需，并因此而萌生出许多有助于他人的自觉自愿行为，且能持之以久地、心甘情愿地、不计报酬地善待对方。

当人们最为失魂落魄之时，便会最易看到其人是否具有宽厚的心态。因为，在重重困境中人们总是会寻找些借口和理由，以便能借此发泄积郁于胸的那些愤愤不平，而具有宽容心态的人，则一般很少会这样去做的。

在商场的激烈竞争中，人们争取为自己获取更多的利益是天经地义的事。但是，这并不排除人们之间的合作关系，也就是说在相互争夺的背后仍然存在着相互协助。所以，人们既要有参与竞争的勇气，也要有善于合作的宽容之心。

越是能够包容的人，就越是容易走向成功。每当回首走过的经历，人们便可以看到其实它并非是多姿多彩的花环，也绝非风平浪静下的顺风船，更不是处处显见欢快和惊喜的人间喜剧，而是个充斥着甜酸苦辣咸的五味瓶，是一首夹杂着喜怒哀乐的生活乐章。你只有具备了对人对己的宽容态度，才能够对其进行真实地、正确地、持久地品尝与品味。

仰观宇宙之大，俯察品类之盛，所以游目骋怀，足以极视听之娱，信可乐也。

　　　　　　　　　　　　　　　　　　王羲之

10 审时厚积薄发，度势循序渐进

预见能力是指对时代、社会与所有事物当前的存在态势及未来的发展趋势能够进行全面的、正确的洞察与把握，能够将其重点与关键要素给予及时的、准确的预见与说明。《战国策·齐策五》曰："夫权藉者，万物之率也；而时势者，百事之长也。故无权藉，倍时势，而能事成者寡矣。"也就是说，时势造就英雄，识时务者乃俊杰。

抛砖引玉：洞察能力和预见能力就犹如是对孪生者，两者之间何其相似乃尔，又何其密不可分。当对事物产生鞭辟入里、融会贯通般的见解与认识后，便会对其当今乃至于将来的发展态势给出胸有成竹、了如指掌般的卓越预见。

上个世纪80年代末期，在英国牛津大学所发生的一件"学校大事"，足以让人们重发追思故人的仰慕之情。

按照常规，校方会经常对校内建筑物进行维护检修。在这个年度的例行建筑工程检查时，真的就发现有处较大的隐患：学校大礼堂的安全性似乎已出了问题，这座建筑已有近350年的历史，它那20根由巨大橡木制成的横梁已出现深度风干朽化迹象，因此会逐渐地丧失支撑的能力，必须对其加以及时更换才能防患未然。当校方看到这份报告后，立即着手请人估算了修缮更换横梁的价格。由于如此巨大的橡木现今已经很稀少了，所以预估每根横梁要花25万美元，但即使是校方能拿出这部分巨额预算来，也一时难于保证就能顺利找到如此大的橡树原材料，所以恐怕是不能按预期进行彻底修缮。

就在校方为此感到手足无措之际，却有个大好的消息从天而降，并足以使得校方化解当前危楼修缮的危机。

事情是这样的，学校园艺所的负责人前来报告：早在350年前，设计大礼堂的那位建筑师就可能已经想到后代将要面临的修缮困境，所以就请那时的园艺工人们，在学校拥有的一片土地上特别地种植了一大片橡树林。现今，这片橡树林非但是枝繁叶茂，且每棵橡树尺寸都早已超过了作为横梁之所需。

350年后，这位不知名建筑师的墓园早已荒芜不见，但是他那卓越的审时度势与预见，仍然让人们由衷佩服，肃然起敬：这才真正是被时间所检验的远见卓识。

在当前物欲横流的时代中所缺乏的正是对时势的远见：即建设性的远见、创造性的远见、与时俱进和继往开来性的远见。

指点迷津：建筑师以自身的远见卓识为后人保存了极大的物质利益，使其能够顺利化解数百年之后所面临的实际困难。虽然他对后辈的赞美之声已是听不到了，但是他留给后人的那种恩惠却实实在在地产生着巨大的作用和利益；他当初在建筑设计上的那般审时度势的远见之举，至今仍然对后人发挥着重要的启示与指导作用。你对这位建筑师，也许会是由衷的佩服吧。此刻，你可以与当今时代对比看看，就不难发现具有讽刺意味的是，如今尽管人们享受着空前奢华的物质生活，但是情绪并不显得有多轻松，内心也并非始终保持着快乐，更重要的是对未来漠不关心，缺乏远见。这里除了生存压力较大的原因外，还有就是不能正确地估计和认识时势。比如，有人本不具有进入著名学府的能力，却偏是硬着头皮要向里闯；有人总以为只有进入大学，这一生才会有远大前程；有人因为公务员收入稳定有钱有权，于是千方百计去争那少得可怜的名额，等等。所以，你要扭转那种"追着时势当英雄"的狭隘偏见，而树立起正确的"时势造英雄"的远见卓识。

抛砖引玉：预见并不是凭空想象，更非是心血来潮的随口之言。有时，在某些特殊的情况下，人的预见能力会遇到严重干扰，使得其偏离正常的思维方式，从而引发出荒诞不经与极端错误的想法或行为来。

甲乙两位深闺密友自分离后多年不见，有次在一个千载难逢的好机会中相遇，于是互相表达思念之情和细说这些年来各自的生活经历，其中乙向甲讲述了这样一段往事。

我儿子4岁那年，不幸患重疾不治而亡，对此我自然是心痛欲绝，因为他来到人间毕竟才度过了短短4个春秋之交呀。当失去了孩子这条情感线的维系，使得本来就已移情别恋的丈夫便很快离开了我。婚姻破裂、家庭解体使我的身心备受严重的打击，悲切、羞辱、悔恨及孤独的魔影就像数条毒蛇紧紧缠绕着我的心扉，日不思餐，夜不成寐，以至于使我觉得再也没什么指望而活下去了。于是，就动了寻死的念头。为了结自己的人生，我乘火车来到某个海滨城市，给父母写了封诀别信，准备拿到邮局寄发后便去投海自尽。

就在我走进一处邮局寄信时，有位手里拿着邮包的老人向我走过来，并亲切地对我说："姑娘，你的眼神好，劳烦你帮我认上这根针线。"

我抬头看去，这位老人已是白发苍苍，驼背已十分明显，在他那苍老而不停微微颤抖的手上，颤颤巍巍地捏着枚小针。

乙对甲说：就是在这个瞬间，我情不自禁地流下了热泪，老人那声亲切的"姑娘"，使我突然就放弃了寻死的念头。因为这使我清醒地意识到，其实自己永远是世上所有老人眼中的"姑娘"，亲情与生活并没有轻易抛弃我，眼前这位老人不正需要我的帮助吗？

于是，我便认好了针线并亲手替老人缝好邮包。然后离开邮局，离开那座城市，又回到了自己的家中，我又重新开始了新的生活。现在我不仅找到了爱情，还有了自己的孩子，建立了和谐美满的幸福家庭。

说到这时，乙抹去眼角的泪水，非常感慨地对甲说："我会终生感激那位在邮局里遇到的老人，因为他的一声亲切称呼使我有了顿悟，对人生时势的磨难与变迁有了新的认识和预见，并如同用针线缝纫邮包一般，由此把将要断掉的生命之线重新续接了起来，把那段困苦不堪的过去时光在心中彻底地加以清除，一身轻松地走进了未来的生活中。"

指点迷津：不论你是愿意或是不愿意，人生时势的发生与变化并非是以个人的意志为转移的。生活原本就是多姿多变的，且其时势既是有美满的方面，也是存在恶劣的方面。乙在自身那段痛彻肌肤的经历中，由于前后人生审视及预见的角度不同，因此表现出相差甚大的人生观念来，先后走上两种截然不同的人生之路。你对于事物的预见，是否经常是较为准确的？在竞争激烈的时代，人的预见能力也是相当重要的。为什么会这样说呢，我们不妨反过来理理思路：准确的预见来自于正确的洞察力，正确的洞察力来自于自身的智慧与经验，智慧与经验来自于勤于思索和善于总结，由此可以看到若要具备准确的预见能力，绝非就是一朝一夕的事情。假若人生是条漫漫长街，那么你就应努力随势审视，加强预见不要轻易就错过了其中每一处的别致风景。

抛砖引玉：有时，人所存有的劣势未必就总是劣势，可能在某种因素的作用下反倒会转变成为优势。如果，你对此早已具有准确的预见性，那么败中取胜的奇迹便会在身边发生。

　　有个 10 岁的男孩儿，在车祸中不幸失去了左臂。但是，他并没有因此而放弃自己所追求的梦想，他就是很想去学习柔道之术，并使自己能够成为柔道技艺高强的勇者。

　　在双亲的关怀与帮助下，男孩儿的这个梦寐以求的愿望很快就得以实现。一日，他终于拜某个武术馆的柔道大师为师，并由此开始了非常艰苦的柔道训练。由于他肯吃苦、悟性好、勤学苦练，所以进步也很快。可是练了半年之久，师傅只是教了他一招动作，并让他反复地去做这个动作，开始男孩儿还是一招一式地认真去完成，可是时间稍久就有点弄不懂了。有天，当师傅又布置下达训练任务后，他终于忍不住问师傅："我是不是能够像师兄师弟们那样，也再学练些其他的招数呢？"

　　师傅则回答说："不错，你目前的确只学会了一招，但你也只需要会这一招就足够了，另外再把基本功练扎实就行了。"

　　对于师傅的这番话，男孩儿并不是十分明白，但是他相信自己的师傅，于是就继续按师傅的指教接着刻苦地练了下去。

　　又过了几个月，师傅第一次带男孩儿外出参加比赛。在比赛中让男孩儿自己都没有想到的是，他竟然会轻轻松松地就赢得了前两轮比赛。虽然，第三轮的比赛稍稍有点难度，但是对手很快就变得有些急躁，连连出招紧逼进攻，男孩儿从容应对并伺机敏捷地使出自己的那一招，结果就又赢了。就是这样，男孩儿出乎意料地闯进了最后的决赛。

　　决赛所遇到的那个对手，要比男孩儿高大强壮许多，也似乎更有临场经验。有一度男孩儿显得有点难于招架，裁判因担心男孩儿会因此受伤，就叫了暂停并还打算就此终止比赛。然而，男孩儿的师傅却坚决不答应，他看着男孩儿的眼睛以坚定的口气说："请将比赛继续进行下去!"

于是，决赛又重新开始。对手此刻显然因为优势而放松了防守，男孩儿瞅准时机立刻闪电般地使出他那一招，结果出手就将对手彻底制服了，并由此赢得了这场关键性的比赛拿到了冠军。

在返回武术馆的路上，师傅和男孩儿一起回顾每场比赛的每个细节。这时，男孩儿鼓起勇气说出了长久盘绕在心中的疑问："师傅，我怎么单凭这一招就赢得了冠军呢？"

师傅则坦然地答道："这里有两个原因：其一，你几乎完全掌握了柔道中最难的一招；其二，就我所知对付这一招唯一的办法，就是对手抓住你的左臂，而当下他们的行动不论如何灵敏快捷，也绝非能够抓住你的'左臂'的。"

男孩儿自身最大的人生劣势，在极有预见能力的师傅指点下，最终得以转变成为他最大的制胜优势。

指点迷津：男孩儿的残疾是他此生的最大缺陷，这会让他比肢体健全的他人少了很多的机会和胜算。他学成柔道之术后，也正是因为缺了条胳膊，师傅这才仅是教会了他单一的招式。深谙柔道之术的师傅精明准确地预见到，男孩儿只要非常熟练地具备了这个招式，就很有可能战胜任何强者，因为他的肢体缺陷此刻似乎变成让对手不可逾越的优势。你实际上也会存有某些自我意识不到的长处，且在表面上看去可能还会是短处。例如，你常会在课堂上偷偷地走神，在内心或小纸片上画着非常好看、非常有创意的漫画；你的体格并非很强健，但是你的耐力却异常强盛；你的动手能力很弱，但是你的语言能力却数倍地超过动手能力，等等。所以，你对于自身的长处与短处，要会审时度势地去全面看待及准确预见它们，由此知道该如何扬长避短，该怎样促短变长，这样一来获取成功的机会就会更多些。

指点迷津：聪明准确的预见能力，也会使弱小的个体在瞬时异常地强大起来，而使得那些缺少预见能力的强大个体在瞬间悲惨地败落下去。

　　有只山兔坐在山洞口，正忙着写什么东西。

　　有只饥肠响如鼓的狐狸，突然出现在它面前说："我要吃了你。"

　　山兔则非常沉稳地说："请先别忙，等我把学士论文写完也不迟。"

　　这狐狸听后很是奇怪问："写什么学士论文？"

　　山兔则一本正经地说："我写的论文是《兔子为什么比狐狸还强大》。"

　　狐狸闻讯后不觉捧腹大笑："哈哈，这也太滑稽，太可笑了，太不自量了，你怎么会比我强大！"

　　山兔仍是一本正经地说："你若是不信请你跟我来，让我证明给你看！"于是，它把狐狸领进山洞，并且狐狸再也没有出来。

　　兔子又坐在洞口，继续写着什么。

　　有只凶恶贪吃的狼，突然出现在它面前："我要吃了你。"

　　山兔则非常沉稳地说："请先别忙，让我写完《兔子为什么比狼还强大》的学士论文后也不迟。"

　　狼闻讯不觉翻滚着大笑："哈哈，你已死到临头了，怎么还敢如此口出狂言，妄自声称比我要强大！"

　　山兔仍毫无惧色地说："这都是真实的，我可以证明给你看！"于是，又照样领着狼走进山洞，并且狼再也没有出来。

　　山兔仍坐在洞口，继续写完它的论文。然后，将其交给山洞内的一头打着饱嗝的狮子去审阅。其实山兔在写什么并不重要，论文的内容是什么无关紧要。最为重要的是：审阅这个论文的导师是谁。

　　狐狸和狼之所以会在山兔面前变成一堆白骨，皆是因为它们事先缺少很好的预见性，而错误地估计了山兔某种特殊的能力。

　　指点迷津：弱者遇强不弱，强者遇弱不强，这皆是出乎意料的事情。孱弱的山兔怎会是狐狸与狼的对手呢，可是奇迹就是出现了，狐狸和狼相继被更为凶猛强大的狮子吃掉，而山兔却安然无恙。这个夸张的故事，在寓意任何事物绝非就是铁板一块，当对条件和机遇的选择和预见都恰到好处时，则会促成事物间强与弱的相互转化，以弱胜强的事情也便会经常发生。关键是，你能否凭借自己的精确预见，去找到那些对自身而言是十分有利的条件与机遇，然后以正确的方式对其加以利用，借势让那些强大的"狮子"来助你一臂之力，去消除那些来自于"狐狸与狼"的干扰与威胁。有了这样的意识，你在自己的生活、学习和工作中就会十分地留心，能够正确区分眼前事物的必然联系和关键环节，能够充分发挥自身的特长和优势，也能够有效地避免和克服自身的不足和缺点，真正做到弱者不弱，强者更强，踏踏实实地走向成功。

成功秘籍

对于时势的判断如果仅是处于主观臆断，浅薄见解，或在那儿凭空想当然的层面，那么就会出现重大偏差，轻者犯错受损，重者因丧失机会和有利的时局而惨遭失败。

预见并非是凭空想象，更非是心血来潮之举。聪明的预见能力，会使弱小的个体在瞬时异常地强大起来；缺少预见能力，亦会使那些强大的个体瞬间地败落下去。在某些特殊情况下，人的预见可能会遇到严重的干扰，这会使其偏离正常的思维方式，进而引发出荒诞不经、极端错误的想法与行为来。

对于事物利弊及眼前利益的分辨与选择，常需要人们具备求实的意念和审慎的眼光。那种过分欲望的选择和超现实的错误预见，其实非但不会给人们带来任何实际利益，反倒将会误导人们加快陷入进退维谷的困境而难于自拔。

人们在看待他人的问题时，总是要比看待自己的问题来得容易些；而去错怪于他人，也总是要比检讨自己来得更容易些。其实，这也是人们预见能力常出现的缺陷与不足。于是，那些带有厌世妒能不良习性的人们，便常会从年轻之际一直愤怒不平至年老之日，眼睛斜视久了便看什么都不顺眼。其实，面对复杂的人生时势，偶尔去发泄发泄未必就是件坏事，因为当你骂过与气过之后，便会以新的姿态走入新的开始，而把那些不幸和不快远远地抛在身后。但是，如果你一头扎进人生的死胡同，硬是主观臆断地把时势看成一团糟，非要置自身于颓丧消极的阴云之下，以固执的厌世妒能来替代达观大度，那么肯定就会因为对时势的错误预见与判断，而失去些身边的朋友，失去些很好的发展机会。

洞察能力和远见能力就犹如一对孪生者，两者之间既何其相似乃尔，又何其密不可分。有时，人们所存有的劣势未必就总是劣势，可能在某种因素的作用下反倒会转变成为优势。如果人们对此具有准确的预见性，那么败中取胜的奇迹便会在身边发生。当人们对事物有了鞭辟入里、融会贯通般的见解与认识之后，便会对其当今乃至将来的发展态势给予胸有成竹的卓越预见，毫无疑问这将加快人们走向成功的进程。

人的身上本来就蕴藏着无限的创造力的源泉，如果不是这样，就谈不上是人，所以需要把它们解放和开拓出来。

（俄）阿·托尔斯泰

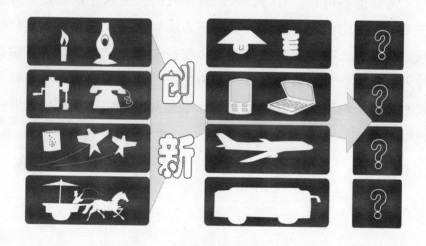

11 跳出陈旧,眼捷思敏;循走新路,天新地阔

创新是指人们利用自身的知识、经验与才华,非同一般、非同寻常地首次发现,或是经过重新整理而得出全新意义的理念、技能与方法,且这些创新都具有十分独到的见解、观点和结论。因为它们的出现,而足以引起全新的革新,足以开辟出全新的领域。

抛砖引玉:如果能把每天都看作是最后的一线生机,那么你就有可能会想到或做到他人所无法想象的事情来。因为,在人们的生命中有出于自我基点的价值观,有广阔的思维空间足以任其去客观世界放手一搏。对于创新者来说基于这种理念之上的认知而去做不懈的努力,遂更为重要。

有很多人整天抱怨着自己的条件比别人差,运气没有别人好,所处的环境不理想……其实,这些原本都不足以限制你去有所创新,去有所发展。对此,主要的约束和阻力在于你心存何种实际想法,在于

你是否把自己的思路始终限制在一个很狭小的圈子里。

在某城市被评为当年度最佳模特儿的刘玲，前往外地参加某个社会活动时意外出了车祸，结果两条曾令人万分羡慕的、修长的双腿被撞断致残了，要知道这可是她从事模特儿事业的最大本钱呀。别说是模特儿，就是一个普通姑娘，年纪轻轻的就从此失去用双腿行走的能力，真不啻是有如天塌地陷般的悲惨。

但是，刘玲的表现却让为她紧扣心弦的双亲及好友们松了口气。躺在病床上的她，仅是在经历短短几天痛苦之后，就又让大家见到以前那个又爱说，又爱笑的靓女了。她面对这般重大的人生打击，非但没让绝望与痛苦把自己摧垮，反倒是更加充满信心地关心着、留意着、思考着发生在自己周围的事情。

她在养病期间学习以轮椅代步时，她的好奇心、善于思考及喜欢琢磨的习惯，使得她发觉自己所使用的轮椅其实并不是很方便，于是就开始琢磨着应该如何对其进行一番改进。她找来两位从事工程技术的朋友，把自己的那些实际想法和使用感觉告诉了他们，请他们根据自己的想法来对轮椅的功能进行某些改良。在朋友的努力之下，改良后的轮椅很快就组装出来了，刘玲坐在新的轮椅上来回试着，结果证实其性能的确较之前有了很大的提高和改变。于是，刘玲和她的朋友把这种由她发明的非常方便患者使用的新型轮椅，不断介绍给自己的病友及其他残疾者，而同时她自己也从一个残疾者变成一个拥有个人发明专利的轮椅生产开发商。

两三年之后，她自己专门经营轮椅的公司已经成为当地经营业绩最好的公司之一，这是许多人都想象不到的事情。

指点迷津：虽然刘玲已经失去双腿的支撑，但却并没有因此而倒下去，强硬地支撑着身躯的是她的那颗火热滚烫的心。她不但是没有被悲惨的命运所困惑和所左右，反倒是因此而走上另一条全新的人生之途。她凭着自己的那种积极的人生态度，带着那种遇事善于思考和擅长琢磨的习惯，居然能够在自己所使用的轮椅上，找到并创立了新的发明，这创新发明则将她引入全新的领域里，并给予她十分丰厚的收益。你想想看，刘玲人生中的那些大起大落，是不是也可以看作是一种难得的机遇与弥足珍贵的人生财富呢。你若想在自己的学习、工作中也获得一些全新的变化，那么仅是在那里苦苦地等待机会的降临是行不通的。因为，等待是一种索取的人生姿态，而一旦是缺少了索求的人生姿态，创新就始终会是一种口头上的口号，实际上也是绝不会有所作为的。所以你要低下头来认真看看自身周边的那些事物，并运用积极的思考去寻找或建立不同一般的看法与想法，或许这里面真的就有创新的机会存在，且已被你牢牢地抓在手中。

抛砖引玉：俗话说"退一步海阔天空"，这句话说的千真万确。当你面对困局能够做到退后一步，那么身边的紧张局面便会因此有了回旋的余地，同时你的眼界也许就有了更为开阔的视野，足以让你通过一个全新的视角去重新审视自己的行为和做法，扬长避短，蓄势待发。这不仅是人们参与竞争的一个良策，在进行科学研究的过程中其实也不失为一大妙招。在正常情况下，如果你能够不断地变换思考和研究的视角，便常常会获得意想不到的成功。

肯德基炸鸡速食店的创始人，原先仅是在一条旧公路的旁边开了一家快餐店。后来，当新的公路被建好之后，有很多过去往来的车辆均不再经过这里了，于是餐厅的生意便逐渐地萧条下来，以至于后来不得不把这个餐厅关闭了事。那个时节，他已是年过60岁的老龄人了。

生意虽然遭受到失败，但是他始终认定自己唯一资产：炸鸡的秘方，一定是会有人需要的。这是因为，这个时代的生活节奏与工作节奏变得越来越快，这就势必要求人们将过去那些十分稳定的生活习惯加以简化，以便能够适应时代的快节奏。

炸鸡不但其味道很好，适应于人们的饮食习惯，而且制作起来也是相当的快捷，非常适合于那些一边排队等着吃饭，一边在忙着思考该如何去工作的人们。

鉴于这些方面，他深信对于自己手中这样好的食品，人们肯定是会十分乐意去接受的。当他的这个食品创新的意念被逐步地理清之后，他便果断地成立了自己的速食品公司，然后开始满世界去游说宣传这个全新食品概念，并寻找对此感兴趣的投资合作者。他在经过了近一千零九次的反复协商与反复失败后，终于有人有信心并且愿意为他的这个新创举进行投资了。于是，他就此创立了后来名扬全世界的肯德基速食公司。

他是在大家认为丝毫没有希望的年龄段里，重振旗鼓地开始了他的食品创新的伟大事业。

指点迷津：即使是在生意失败后，即使是在年龄偏大后，即使是在人们还不能够认知肯德基炸鸡速食店创始人创意的前提下，他还是满怀热情，十分有条理地、十分有独到见解地、十分创造性地坚持着自己对速食食品市场前景的那般看好。若是没有他的这种执着精神，也可能就不会有后来的肯德基速食品公司了。他的巨大成功，就在于他对于自己的创新非常自信，且还能够一如既往地坚持下来。你可能常去吃肯德基的食品，有段时间内国人们对于此家食品连锁店的食品十分钟情，即便是现在其方便快捷的特色仍然受到人们的交口称赞，假如当时他的这个创意被抹杀掉了，那么便不再会出现现在的这番景象了。有时，你可能也会产生一些好的主意，甚至还算得上是某种好的创新，开始它会使得你因此而异常激奋与备受鼓舞，但是当你把这些个创意向他人推荐时，所受到的反馈不仅只是赞同，可能与此同时还有一些反对的声音，甚至于还是非常强烈的反对意见。如此，你如不能毫不动摇坚持自己的观点，那便将会非常容易地失去你原有的那份创新热情，这是因为在你身边的那些怀疑和反对，无时无刻不动摇着你的自信心与创新理念。可见，创新之途并非是一马平川，也绝不会有捷径可走，且你若没有能力去打破陈旧观念的束缚，那么创新之举就有可能难以为继，为了不至于让你的这些创新过早夭折，你就必须要做到：坚持，坚持，再坚持。

抛砖引玉：实施创新并不一定非要有轰轰烈烈的表现和日新月异的变化。有时，当有人试图在那些已被大家所忽视，且看上去并不很起眼的地方，进行某些新的尝试或新的改进，因此收到较为明显的实际效果时，那么这样的尝试与改进本身就意味着创新。

相信自己的经营能力，并且总是要比他人去多付出些代价。这句话不但是台湾企业家王永庆对于自己创业与创新的自励，同时也让人们看到他那种不同于他人的经营创新精神。

王永庆在创业之初，曾干过卖米的营生。这本是件非常普通的买卖，但是让他来经营时就表现出与他人的不同。王永庆在卖米的时候，总是要先把所有米中的那些小石子、杂质完全都拣掉后再出卖。谁都知道，这样做肯定会搭进很多的时间，俗话说时间就是金钱，这不等于是变相增加了经营成本吗。但是，王永庆却不这么看，他认为虽然自己多用了一些时间，但顾客却会因为这点与众不同增加受益，就会认定他卖出的米要比别家米店的成色好，上门来买米的人就会越来越多。如此看来，细心拣出米中的石子杂物，就是王永庆经营米店时在营销上的创新之举。

另外，王永庆还十分留心去了解和收集前来买米的顾客家中有多少人口，一次买5千克米可以吃多少天等此类的经营信息。然后，计算着每位顾客家中的米是否就要快吃完了，以至于他能够正好赶在这个时节把米为这家人送货上门。这种做法，其实正是现在市场营销中大家十分注意的，且非常重要的服务营销理念，而王永庆几十年前就已经动手创新并实行了，难怪他能取得如此巨大的成功。

指点迷津：王永庆是我国台湾著名的企业家，他的很多经营之道已被众多经营者奉为至宝，在纷纷效仿他的经营之术，以利于求得自身企业的更大发展。王永庆的经营创新并不在于那种天翻地覆的变化，而恰恰是由许多细微的经营要术所组成的。他的经营之术完全立足于诚信和优良服务，他深信只要在这些方面都做好了与做实了，消费者就会对他有所认可。实践也再次表明，越是在消费者实际需求上肯动脑用心，越是千方百计全力维护消费者的利益，越是让消费者对本店感到满意放心，那么经营创新的路数就会层出不穷，企业也会得到快速的发展。你看王永庆这样的大企业家，其创新都是从细节和细微之处着手进行。那么你呢，是不是也应该把自己的创新思路也做一番调整，去掉那些不切实际的因素，不要总是企图着能够一鸣惊人。而是扎扎实实地从实际需要入手，去为眼前急需解决的问题出主意想办法。你千万别轻视了那些细小的改进，因为更大的改进，乃至于全面的创新就正是经由这些细小之处开始起步的。创新应该具有十分明确的目的性，失去实际目的的创新不过仅是些奇思遐想而已；创新是需要相当的经验积累的，没有经验借鉴的创新不过是些意念上的盲目猎奇而已；创新具有很强的批判性，不对陈旧之物进行扬弃的创新则不过是些浅显的走过场而已。由此可见，创新绝不是搞虚假，不是做花瓶，不是沽名钓誉，而是货真价实地去求改变，脚踏实地地去谋发展。

　　抛砖引玉：如你觉得自己有很多创新的意念，于是在对其进行陈述时便向对方讲述很多的理由，而对方却总是能够相应找到些足以反驳的理由来，与你针锋相对地抗衡。那么，你的这些理由就有可能是站不住脚的，那个所谓的创新意念也许就毫无任何特别的色彩。

　　有个行路人在山区中迷了路，走了很久也没找到正道，天快黑下来时他已是精疲力竭了。就在他万分绝望时，忽然看见前面漆黑中有几盏亮灯处。他想这一定是户人家，于是立刻就向着亮灯之处赶了过去。

当这家的主人听到行路人提出借宿一晚的要求后，立即就板着脸拒绝了："可我家并不是旅店！"

行路人见状就微笑着对这家主人说："您先别急着回绝我，其实我只要问你三个问题，就可证明这房子现在实际就是旅店！"

房主此时既好奇而又争胜，所以也就爽快地答应了行路人，说："我就不信，倘若是你能说服了我，那我就让你进门留宿。"

行路人说："在你之前谁住在此处？"

房主回答："是家父！"

行路人说："那在令尊之前，又是谁当过这里的主人？"

房主回答："是我祖父。"

行路人说："那假如您过世后，它又将归属于谁呢？"

房主回答："当然是我儿子！"

行路人笑道："这不就结了吗！若是从人的一生看去，你也不过是暂时居住在这儿的人生过客。所以你也像我一样，只不过是住的时间比我更久长些罢了。"

房主听其言后自觉无理相驳，便再没有去寻衅和推辞，只得把行路人让进了门。

当晚行路人在屋内舒舒服服地睡了一觉。

这位行路人动用自己的思维能力，达到了自己借宿的目的，而他那些解决问题的简短问话，却向外透显着一种非同一般的创新和巧妙。

指点迷津：借宿的行路人通过自己的巧妙思维，将房主心中那个拒绝留客的防线全部给予摧毁后，便得以留下来过夜。在这之前他知道，之所以房主不愿意留他住，正是因为他在行使自身所拥有的权利，且这种权利是天经地义的，对其就根本无可辩驳。可是，行路人更明白如果他不能在这方面说服了房主，便只得留在旷野里过夜了。于是，他就利用人生短瞬为理由，说明大家不过都是时间的匆匆过客，把房主对于住房的权利，演化为不过是比自己住得更长久些的事实，并由此触动了房主的恻隐之心，结果就顺利地达到了住进来的目的。这样的创新理念是不言而喻的，你若是也能够在实际生活中如此的去行事，那么足以表明你的创新能力也是非常之强盛的。因为，你之所以能够真正做到这些，全在于你具有不落俗套的即时思维，能够不按部就班地去分析看待问题，可以突破因循守旧的观念而动手去解决实际问题。值得可信的是，当你具备了这般能力之后若是也去外出旅行，那么就不太可能会独宿野外了。此外，你看到了对于创新而言，重在于创，贵在于新，只有找出与找准了问题的所有症结后，才能够通过全新探索与全新发现逐步接近创新的目标。例如，很多人在研究如何克服摩擦力，也制定了不少带有创新意识的想法与做法，但是由于这些都是建立在两个摩擦面彼此不能分离的概念之上的，所以尽管有些方面已经做到极致的程度，但满意的结果却依然像是个十分害羞的新娘，久久不能如愿地出现。于是，有个美国科学家便大胆地进行了假设，即设法使得两个摩擦面彼此形似分离，那么摩擦力自然便会十分明显地降下来。所以，他就开始着手对这样的状态进行研究与创新，结果真的就达到了事先预想的那种目标。年轻人一般对所有的新鲜事物都具有好奇心，这是你能够借机引发自我创新能力的极大优势。在好奇心驱使下，你会去用心仔细探查其中的究竟，会对不甚理解的奥秘产生强烈的求知欲望，会对那众多的新发现感到心满意足，直至你完全亲自揭示了这些秘密之后，你才会将自己的注意力转向其他的事物，继续这种人生探索的过程。要知道在这样的往复经历中，常常会蕴藏着重要的创新线索与机会。

成功秘籍

对于创新而言，精神上的认知和努力更显得重要。创新绝非是凭空想象就可以实现的，如果真是那样就不可能有创新存在了。有时创新的进程表现得异常反复，进退维谷，向前迈出的步伐还真不知能不能落在实处，能不能踩住那些足以推动创新迅猛发展的爆发点上。

做人做事常有进退两难的场面，有时与其夹在中间受难或等死，倒不如别再浪费精力和时间，集中全部智慧与精力付诸一搏，就算有万分之一的希望，毕竟不是还有一线起死回生的生机吗？当你能够做到退后一步，使得紧张局面有足够回旋的余地时，那么眼界便也就有了更为开阔的视野，可以让你找到全新的视角，去重新审视自己的行为和做法，扬长避短，蓄势待发。这不仅是参与竞争时的良策，就是在科学研究过程中也不失为妙招。

成功的机会，会更多地偏向那些不断勤奋探索与持久追慕创新的人们。之所以会如此，大概皆是起因于他们那般超出常规的强烈好奇心吧。勇于去进行各种尝试，且不怕反复，不怕遭受失败，不怕失败后受人讥笑，这样的实践者才会真正具备很强的创新的能力，也才会有更多获取成功的机会。

如果没有人向我们提供失败的教训，我们将一事无成。我们思考的轨道是在正确和错误之间二者择一，而且错误的选择和正确的选择的频率相等。

（美）刘易斯·托马斯

12 处变不惊,慎思觅出路;以变应变,奇招获转机

应变是指当周边环境、事物及事态发生较大的变化之后,人们在处事及行事的思路、方式、策略等方面及时地做出相应的反应与调整,以利于能够充分地去适应这些变化和由变化所引起的其他一系列相关的反应与变动。必须强调的是,应变属于动态的过程,并且是个由被动转向主动的过程。

抛砖引玉:尽管人们眼前的变化有时是如此的缤纷缭乱,以至于让自己的眼光和思维,都被集中到这些变化的表面层次上,而失去了对其基本属性和特殊规律的识别与应变,其结果自然会引起不小的误解,有时甚至是因此走入了歧途。

为吸引更多的游客前来游园,有家动物园的领导便带领大家集思广益,想方设法开辟新鲜新奇的项目,以利于增加游客对动物园的浓厚兴趣。结果,经过人们绞尽脑汁地轮番思考后,终于找到了新奇的

项目：羊与狼同居一室。

他们首先选中了那只浑身灰黑色毫毛，且叫黑蛋的肥头肥脑的小狼。这只小狼刚满一岁，它的父母都是出生在动物园兽笼里，到它这代已是在动物园里成长起来的第三代狼了。别说它去吃羊了，就连羊是个什么模样都从没见过。其次所选的那只羊，是专门派人到山区乡村那儿找来的一只小绵羊。它浑身绒毛曲卷，除了两只黑色的眼珠子和一对琥珀色的犄角外，浑身一片雪白，所以大家便给它起名叫白雪。

当饲养员把白雪放进笼舍时，已在里面的黑蛋不仅没有张牙舞爪地扑上前去撕咬，反倒是惊慌失措地逃到自己的窝巢内，蜷缩在角落里不敢出来了。此刻，它望着饲养员呜呜哀叫，好像在说：这什么怪东西呀，头上还长着两只角，真的很可怕！倒是白雪显得胆子略微的大些，咩咩叫着在笼舍里来回地跑来跑去。

直到第二天中午喂食时分，才见黑蛋从自己的窝巢后面战战兢兢钻出来，贴着墙基像小偷一样跑过来，一面吞吃食物，一面惴惴不安地注视着白雪。就在这时，恰巧有只苍蝇落在了白雪的嘴唇上，所以引得它打了个响鼻，黑蛋听到动静立刻停止进食，并望着白雪摆出一副随时准备逃跑的架势。

直到三四天之后，黑蛋这才敢走到笼舍中央和白雪站在一起。

再看白雪，出于食草动物对食肉动物的天生畏惧，它最初也不敢肆意地靠拢黑蛋。但是一周之后，它大概是闻惯了黑蛋身上那怪异的狼味，陌生感便开始慢慢地消失，加之见黑蛋并无加害于己的意思，所以它的畏惧感也就日渐被淡化了。

两个星期后狼与羊已经彼此认同，不仅不再相互害怕和回避，还经常在一起玩耍，甚至于比两只狼或两只羊相处在一起更为和睦友好。这主要是因为它们的生活习性互不侵犯，一个吃草，另一个吃肉；一个愿在窝巢中睡，另一个愿在笼中央就地而眠。它们从没有为食物和窝巢领地的问题有过任何的争执。

在人们看来，狼残忍，代表邪恶；羊文弱，代表善良，是水火不相容的两极，是敌我矛盾的典型代表。可是突然间，狼羊和平共处生活在同一个笼舍里，这便使得观看的游客们惊讶不已，纷纷拿出相机摄取下这组实为奇异的镜头。

后来，由于其他原因，动物园要把白雪送回羊倌那儿。当这对狼羊被人分开时，都相互望着对方哀叫，甚至黑蛋还欲上前撕咬饲养员，以阻止人们的这种无情行动。

约莫半个月之后，有人带来噩耗：白雪在山上被狼吃了。据放羊倌回忆说，他放羊进山时突然遭遇到一只灰狼，这只饥饿的狼企图袭击羊群。当狼在距离羊群还有200多米时，羊都及时发现了狼便拔腿向山上奔逃，羊倌这时也赶过去营救。可就在这时，发生了让羊倌目瞪口呆的事，白雪不仅没有跟随羊群一齐逃走，反而转身迎着灰狼跑去……

第二天，人们在一个荒僻的山洞发现了白雪的尸骸，只剩下了一张羊皮和几根骨头。

这个悲惨的结局并不是白雪的错，而是因为环境的变换使得它完全失去了应变的能力。试想如果白雪没有与狼同居一室的经历，始终与羊群生活在一起，那它绝不会逆着羊群逃跑的方向，独自走向十分危险的境地！可见，环境的变化是具有影响力的，人们可能会改变环境，而环境也可能会改变人，在这其中起着关键作用的、最具决定意义的便是人们的应变能力。

指点迷津：白雪和黑蛋分别属于不同的动物物种，而且还是自然的天敌。但是，由于它们的生存环境发生了深刻的变化，而它们对此变化又浑然不知，漠然视之，所以才会最终引发出那般悲惨的结局。你在有意识或无意识的情况下，也难免会遇到如此的变化。开始仅是出现略微的不同，你对此也给予了注意和预防，但是当这种细微变化持久地发生后，你对此的感觉兴许就会变得麻木不仁起来，先是放松了对其保持足够的警惕性，接着便完全撤掉所有的心理预防，就好像这样的变化根本就没有出现过一样。实际上，也就是在这个时节你在步步地逼近"白雪似的"危急中，完全失去了自身应变的能力。在这种情况下，遭受严重的打击甚至是失败已在所难免了。因此，为了保持足够的应变能力，你就必须坚决消除掉身边那些类似于"羊狼一室"的模糊意识，别让这些意念干扰了你对于世事变故的敏锐排查与防范。有时事物变化的影响力与心理变化的影响力会混合在一起出现，并同时向人们施加巨大的压力，迫使人们对其采取相应的应对措施。这种求变的心理变化，其实也是需要人们给予应对的。当对于某个事物或环境十分熟悉之后，便会产生寻找陌生面孔和新环境的感觉，所有的人皆是如此，在这时节你不要丢弃应变能力，不加审视随意地进行选择，以为只要改变现有环境与事物，你就能找到另外的新天地。其实，很多人是在这一刻开始改变自己的人生，不过并非是朝着好的方面变化，而是朝着更为失意的方面滑落。比如，你原本在单位工作非常顺利，不论领导还是同事都对你另眼相看，你的能力也足以应付眼前各项工作，前途无限看好。但是，出于某方原因你决意要离开单位去另寻发展。因为，当初你是在头脑发热中匆忙做出的决定，所以在几年之后你对这段时间给予总结时，心中难免尽存着长吁短叹与百般懊悔。

抛砖引玉：人生的各个阶段是由众多的必然所组合起来的，且在这些必然之中又存在着众多的偶然。从偶然到必然之间的变化，是最不易被人们来随机把握的，所以人们需要对偶然出现的可能性加强警惕与加强防范。

在某个古香古色的小镇上，有对年轻夫妇，他们彼此之间非常相爱。

有一年天降暴雨，小镇上的人们家家几乎颗粒无收。为了维持生计，做丈夫的只好到几十里外的地主家去打长工。他们夫妻虽然被分开，但是相互的思念之情毫没减弱，每月丈夫都会有这么几天，当白天做完工后夜晚偷偷摸黑泅渡过河，抄近路回家看望妻子，第二天天不亮再偷偷赶回地主家去。

因为不知道丈夫会在哪夜回来，妻子便时时刻刻留心聆听院门的响动，并且在每天天刚黑时就在门前点上一盏灯，目的是为丈夫照亮回家的小路。一直没人知道这个秘密，邻居都奇怪为什么她家的灯总是经常彻夜不灭。

那年秋天，因为农活儿很多很忙，丈夫许久都没有回家了。这天晚上，妻子照例想点亮油灯，但却突然发现灯里已经没油了。她心想今夜他可能不会回家，等明天天亮赶紧再去打满灯油。因此那一夜，那盏长明灯没有亮。而偏偏就在这夜丈夫匆匆忙忙地渡河回家，由于没认准方向而被漩涡卷进河底，就再也没有上来。悲伤的妻子泪流成河。她悔恨自己那夜为什么没有立刻去换来灯油，好为丈夫照亮回家的路。

夜夜彻亮的灯，偶有一次未亮，就造成无法挽回的痛苦与悔恨。通过这个故事，我们提醒自己牢牢记住：在得失之间，往往会因一两次偶然发生的小事，从而失去应变的能力导致人生出现巨大的逆转。

指点迷津：这对夫妻感情很深，所以彼此间始终保持着非常默契的配合，丈夫回家妻子就夜夜点上长明灯。可是出乎意料的是，当灯里没油的时节丈夫却偏偏又回家了，结果因此发生悲惨的事情。尽管灯里没油仅是件很偶然的事情，却让事情出现了巨大的且也是无可挽回的变化。人们真的没有足够的能力去阻止这样的偶然事件的发生，所以偶然事件的出现是无可避免的，正如人们所说的那样：不怕一万，就怕万一。所以，你在应对事物变化的时候，总是要很自觉地去想想：万一怎样……万一那样……万一发生……万一存在……当你将那种不可能出现的变化都事先设想到了，你在应变方面就可以做到万无一失的程度了，那么你还担心什么呢？

抛砖引玉：任何事情都存在着因果关系，假如你忽视了这个十分重要的方面，那么因为你的这种愚蠢的举动，必将会尝到因果关系给你带来的那些或轻或重的惩罚。

有次，耶稣带着他的门徒彼得去出行。行在途中时，耶稣突然发现地上有块废弃的马蹄铁，于是他就吩咐身边的彼得去将其收捡起来。谁想彼得因为旅途已经很劳累，所以就懒得弯下腰身捡废铁，便假装没听见耶稣的话仍旧前行。耶稣见状也说没什么，就自己弯腰捡起那块马蹄铁。进入城镇后他用它在鞋匠那换来几文钱，然后用这些钱去买了十几颗樱桃，悄悄地收入自己的袖袋内。

待又出了城镇之后，他们二人继续前行。走了很久之后来到一片茫茫的荒野里，这儿除了石子和小山包外，其他什么也见不着。师徒二人越走越累，越走越渴。耶稣这时猜想到彼得定是口渴得很厉害，于是就悄悄把藏在袖袋内的樱桃取出一颗来丢在地上，跟在他身后的彼得一见到樱桃，就立刻弯腰将其拣起吃下去解渴。

耶稣边走着边丢樱桃，彼得也就跟随其后非常狼狈地弯了十七八次腰。

耶稣手里拿着最后一颗樱桃，转过身来笑着对彼得说："要是你在前面弯一次腰捡起那只马蹄铁，兴许你就不会在后来没完没了地弯下腰去捡樱桃吃了。"

假如你不屑于去做小事情，那么就将有可能会在更小的事情上付出更多的操劳与辛苦。而后者往往是通过做好了前者便可以避免掉的。由此，也就足可显见某人的应变能力到底如何。

指点迷津：彼得在耶稣的眼皮底下偷了懒，他原本以为这事就那么混过去了。可谁曾想到，其后耶稣略施小计就让彼得为此吃尽了苦头。他虽然躲过去了一次弯腰的劳累之苦，但是作为对自身错误行为的补偿，他其后竟然弯腰数十次之多，这足以使他牢牢地记住这次的教训。耶稣这样做的目的，是要示意彼得做任何事情都要顾及后果，都要想到事态的发展将会给自己带来怎样的结局，然后再决定自己应该怎样去应对。你是否注意到，有很多时候人们对不起眼的小事总是加以忽视。比如你去解一道很难的数学题，所有的计算方法都完全正确，就是在计算结果时将小数点给点错位置了。虽然看上去这是件小事，但是你想过没有假如这是让你为卫星运行轨道进行计算，那么一个小数点被点错，兴许就会给卫星带去毁灭性的错误。所以，事无巨细你都要非常认真地去对待，大事你能做好，小事你照样也能做得很好，如此便会使得自身具备很强的应变能力。

成功秘籍

应变需要付出大智慧，谁对变化的脉搏把握越接近、越准确、越精辟，谁就越是能得到先机。一旦是抓住了这样的先机，就会步步都较他人走在前面，因此而获得的收益自然也会是多于他人的。

人生的各个阶段是由众多的必然所串联组合起来的，且在这些必然之中又同时存在着众多的偶然。从偶然到必然之间所发生的那些变化，一般是最不易被人们随机把握的，所以需要加强对此的应对性的警惕与应对性的防范。

尽管我们眼前事物的变化有时是如此的缤纷缭乱，以至于让自己的眼光和思维，都被吸引到变化的表面层次上，而失去了对其基本属性和特殊规律的深入认知，其结果自然会引起不小的麻烦，有时甚至还会因此走入绝境。任何事情都必然存在相应的因果关系，假如忽视了这个十分重要的方面，那么那些愚蠢的应变举动，必将会让你尝到这种因果关系所带来的或轻或重的惩罚。

在工作和生活之中，人们需要纯清精神，净化灵魂，增补知识，换新旧我，使自己的素质与能力能在变化中得到不断的升华。其实，这就是一种应变的过程，当人们于最熟悉的"环境"之中，已不再能找到任何带有新意的"风景"鉴赏时，就会重新开辟新的"环境"寻找新的"风景"。

人们对昨日的怀念和对明天的期盼之情，就仿佛是一枚金币的正反两面，虽然它们都同属于一件事情，但是彼此之间的内容却是截然不同的。那些非常热切地期待着美好的未来尽早展现的青年们，度年恨不能当度时；而那些念念不忘怀旧于对昨天回顾的老年人们，则度时恨不能当度年，这两部分人虽然手中各自都拿着同样一块应变时间的金币，却都浑然不知将其翻转过来把金币两面的图案皆尽收眼底。

当人们面临着这个物质太多、欲望太多、选择太多的现实世界时，所有的存在与选择都是来之不易的。约束惯了，自由就不容易；沉默惯了，说话就不容易；严肃惯了，微笑就不容易；重压惯了，放松就不容易。在每一种变化之后，都会跟随着不同的应变选择。为了不至于让那些变故仅是带来负面的影响，人们就应该努力增强自身的应变能力，恰到好处地、恰如其分地利用和处置身边的这些变故因素，而不至于总是因此去受困与受惑。

新的时势赋人以新的义务，时间使古董变得鄙俗，谁不想落伍，谁就得不断进取。

（美）詹·拉·洛威尔

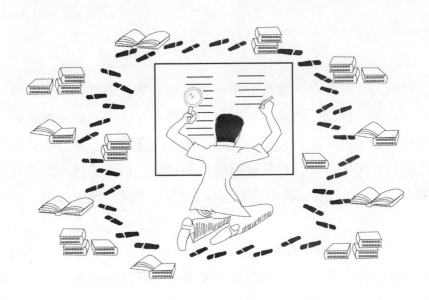

13 无师自通,潜心取秘籍;滴水穿石,钻研显大成

钻研是指对客观事物进行深入细致地分析、勘察,由表及里,由浅入深,举一反三,由知之不多到知之甚多的认识和探索的过程。钻研是企图去发现问题,去解决问题,使得自身能够对某件事或某些事应用自如,深研透析,攻坚解密的锐利武器。钻研精神也是获取成功的基本保证,因为在这其中需要有心、用心、专心和耐心。

抛砖引玉:勤于观察、善于思索、敏于经营,这是那些遇事总爱钻研的人们的习惯,他们可以从普通事中看到特殊意义,也可以从积极思考中想出好主意,兴许还可以从人们的那些不经意中发现难得的商机。

事物的变化本是根据其内在与外在的规律进行的,人们要想很好地认识掌握这些变化的发生与发展,就必须要对其规律进行一番浅出深入、由表及里、精确细致的研究分析,在获得大量的第一手资料与

深刻认知的基础上，方可应付自如地在变化中将事情成功地办好。

有位南方的青年人名叫艾峰，因为他不能容忍家境贫寒之状，便在 15 岁时单身外出去大城市闯世界，在几经辗转之后终于被一家药店收为学徒。艾峰是个颇有心计、善于观察和爱独立思考的青年。在学徒期间，由于他肯吃苦，又勤快，又好学，又会来事，所以经常得到老板的夸奖。

有段时间，他看到来店里买药的人稍增多，顾客们就要排队等候，若是等的时间稍长便难免会有人发些牢骚。于是，他就这样想：如果能让他们把手中的药方先放下，并在上面留下详细住址，等药店把药抓配好后再登门给他们送到家中，这样顾客岂不就不再有怨气了吗。于是，他便把自己的这个想法告诉了老板，其实老板也正在为这件事而作难犯愁，就欣然采纳了艾峰的主张。结果，顾客对这种上门服务很满意，光顾药店的人便越来越多，店里的生意自然也一天比一天好了起来。

一晃就是 4 年过去了，由于艾峰对工作既上心，又肯钻研，所以学到不少药理和经营方面的知识与技能。这时，他便逐渐产生了"能不能自己开家药店"的念头。开药店并非是件简单的事情，一是需要投资，二是需要良好的声誉，这些当时艾峰都还不具备。但是，为了能够实现这个心愿，他经过冥思苦想后为自己制定出详细的实施计划。

第一步，艾峰先向一个对他既知根又知底，且和他保持着良好关系的老顾客开口借了 70 元大洋，并签订了日后还款的借据文书。

第二步，艾峰拿着这笔钱租下了早已看好的铺面，并对外挂起了"艾峰药店"的牌匾。

第三步，他非常诚恳地对自己的老板说："我已盘了个小铺面，但由于缺乏经营能力想把它先转租给您，我还是跟您学徒，您同意吗？"老板想了想，一是舍不得放艾峰这样的人才走；二是看到那个铺面地段也不错。于是就点头应允了，师徒共签了 3 年租赁合同。

第四步，艾峰在老板预付他的150元大洋的租赁定金中，拿出70元还清了手头的借款。就这样，艾峰一步一步实现了自己的愿望，终于有了属于自己的药店。

后来，艾峰利用手中赚到的资金前后又开了7家药店，且同样都租给了自己的老板。他边跟着老板学经营，边借用老板药店的名望，开起了自己的连锁药店，结结实实地为自己赚到很多钱。

又是3年过后，艾峰便开始自立门户了，而且他的8家连锁药店生意也是非常火爆，他原来的老板前去探访时这才知道，艾峰的药店不但也给顾客送药上门，而且还在事先将药煎好了，装进保温瓶后送去的。老板马上意识到，这准又是善于钻研经营之道的艾峰的"鬼"主意！

指点迷津：艾峰是个有心的成功者，他为了扭转贫寒的生活现状，毅然到城市去闯世界。他之所以由一个学徒最终发展为一个老板，这跟他对于人和事，时时处处地注意观察，以及进行细密的钻研是分不开的。他对所看到的东西能够进行有目的的积极思考，其后再把这些思考进行精选和提炼，最终使其成为非常有利于自我发展的好主意、好方法。虽然他没有很多的资金在手中，但是他凭借自己的钻研与善思，能够恰到好处地去借用他人的资本和资源，来逐步地实现"自己也能开家药店"的美好梦想。你在对待生活、学习和工作中的那些事物时，是否也如同艾峰那般做到非常有心呢？此刻，你也许会问何谓有心。有心其实就是人们处事心态和处事意境的组合，正所谓是心到才会事事通，心算才会事事精，心想才会事事成。也许你还会说我是处处有心来着，但是事情做得总还是不够理想，如若是这样那你就应该认真仔细地回想一下你的这些有心，对于事物到底是有利的还是有弊的，那些存在缺陷的看法想法并非真正算作是有心，最多不过是稍有用心或别有用心罢了。

抛砖引玉：对于某个非常普通，甚至于是非常荒诞的念头，一般来说人们绝不会对其多加注意。可是，非常不幸的是就在这些很容易被人们所忽视的念头中，常常会蕴藏着十分巨大的成功机会。唯有那些善于用心观察与钻研的人，才会率先地成为其最大的受惠者。

黑人小伙乔治·强生，以在小理发店里为人擦鞋为生，他常常会听到身边的那些黑人朋友在理发时，无意中所说出的一句话：我真希望自己的头发能直立起来，那该会是多么帅气呀！

那些理发师们听到这类疯言疯语时也仅一笑了之，但乔治·强生却把它牢牢地记在了心中。于是，每逢再有客人前来擦鞋时，善于与人沟通的乔治除了与其进行礼貌性的闲谈外，还总是不忘要向其问声：你是干什么的？

终于有天，当乔治问一位前来擦鞋的男士时，那人回答他自己是个化学家。

乔治很好奇地追问："化学家是干什么的？"

这位化学家面对着这个门外汉的那般好奇发问回答说："就是去调配些东西，并由此能够得到另外些东西。"他觉得只有如此通俗地解释，才能让眼前这个擦鞋的小伙明白化学家是做什么的。

乔治这回觉得似乎有些门道，于是就又追问："那你觉得是否可以调配某种东西，能够让我们的头发都直立起来呢？"

化学家听后想了想说道："这倒也许值得去试试看。"

过了一段时间，那位化学家再次前来理发与擦鞋时，还随身带来一个小瓶液体制剂，当他把这些液体涂抹在乔治的头发上之后，只见每根头发都真的如同变戏法似的直立起来了。

于是，乔治便与这位化学家联手，将这个产品装瓶后卖给他的那些总想让头发直立的朋友们，其后又逐步卖给理发店和零售商店，并还将这神奇的制剂命名为"直立"，意即这个产品会将人的头发装扮成直立的形式。不久，随着销售量的不断增大，他们专门成立了专营

"直立"美发剂的公司，由此正式开始了日进斗金的直发美发剂的生意经营。

指点迷津：虽然黑人乔治仅仅是擦鞋匠，但是他的那颗不甘穷苦贫困与寂寥冷落的心，始终都是处在激越沸腾状态的。由此，他对于所听到和所看到的那种"让头发能够直立起来"的大众需求，产生了别出心裁的意念，并对之特别地用心钻研。也是上天不负用心人，在他长久的苦苦期待与千般寻觅下，机会终于来到他的眼前：那个化学家在乔治的提醒下，运用自身的知识与技术，很快就发明出了直发剂，并研发生产出专门直发的产品。非常善于用心想事做事的乔治，由此也获得了十分丰厚的收益。你从乔治用心钻研的事例中是否得到启示，相比之下是否存在着差距？你的钻研精神和态度，是需要通过你的用心来加以具体体现的。你若是能够对某事特别的上心，就必定会是专心致志地去关心它和捉摸它，通过各种途径去接近它与熟悉它，采用各种办法去解析它与征服它，不论期间会遇到多少迂回曲折，陷落失败，只要你不轻易放弃自己的那颗始终在钻研的用心，则最终总是会见到希望的曙光的。善于用心的乔治，就是你去学会用心的最好榜样。你应该明白认识事物、把握规律、获取主动对于你的成功具有非常突出的实际意义。当你是在专心听课，专心看书学习，专心完成工作，这都表明你是在十分重视钻研精神的前提下，去很认真、很下功夫、很用心地做事情。只要你对待事物真正是专心的，不仅关心认识问题的全部过程，也关心解决问题的最终实际效果，那么便会达到专则至细微，专则达精辟，专则集大成的最佳程度。如此一来你在学习与工作时，便能够精力绝对集中，思路非常广阔，见解非常独到，自然成效也就会非常显著。你应清楚地意识到钻研需要忍受挫折，需要经历失败，需要舍得付出。所谓"钻"需要你能够静心坐下来，去看去想，去做去创，而不是浅尝而止，仅限于事物的表面；所谓"研"需要你反复推敲，独具匠心，旁征博引，而不是管中窥豹，仅停留在事物的一般规律上。当这些你都做到了才能产生正确的认知，并由此获得解决问题的正确途径和办法。

抛砖引玉：探索可以对自然界事物的存在建立起广泛认知，钻研可以对自然界事物的规律建立深刻发现，若是没有这些探索与钻研，人类便可能仍然处在蒙昧的原始时代。

年轻的洛克菲勒初进石油公司工作时，既没有学历，又没有技术。因此，他被分配去检查石油罐的罐盖有没有被自动焊接好，这是整个公司最简单、最枯燥的一道工序，有人戏称这活连3岁的小孩都会干。

每天，洛克菲勒都要看着焊接剂自动滴下，沿着罐盖转一圈，再看着被焊接好的罐盖被传送带送走。

当工作半个月后，洛克菲勒就对此已经是忍无可忍了。他怨气十足地找到主管，要求为他改换其他的工种，但是这个要求被回绝了。于是，无计可施的洛克菲勒只好又重新回到那该死的焊接机旁。他在内心告诉自己既然换不到更好的工作，那就索性把这个人人都看不上的工作做好了再说。

至此之后，洛克菲勒便开始认真观察罐盖的焊接质量，非常认真仔细地研究焊接剂滴速与焊接剂用量之间的关系。不多久他就获得重要的发现，即每当焊接完一个罐盖时，焊接剂便实际滴落了39滴，而经过他十分周密的计算后得知，实际上仅用38滴焊接剂就足可以将罐盖完全焊接好。

经过反复的测试、实验和调试，最后洛克菲勒终于研制出"38滴型"焊接机。这就是说，用这种新的焊接机每焊一只罐盖将比原先要节省一滴焊剂。可别小看这一滴焊剂，全年下来洛克菲勒此举就为公司节约出价值近5亿美元的成本开支。

指点迷津：洛克菲勒对待工作的态度先后不同，开始是不愿意长期守着这份人人都会干的简单工作，所能看到和想到的是人们的讽刺挖苦及极端的不受重视；后来当他立志要将其干好后，所看到和想到的是焊接机的运作情况与规律。当他对这份工作开始上心的时候，便一头扎进了认真钻研的状态，最终发明了"38滴型"焊接机，获得重大的成功。你对于他的这种变化可能并不陌生，因为你兴许就正处在这样的经历中。工作职位和工种总会是有别的，当你并未就职于你十分向往的工作时，心情和工作态度自然不会很平稳，特别是现在不同工作的收入差别也是很大的，这些都足以影响你在工作中发挥个人的积极性和才能。如果，你也试着如同洛克菲勒那样转变自己的认识，把所有的心思全部都放在工作之中，对其开始进行深入的观察和仔细的钻研，兴许那个隐含在工作中的"38滴型焊接机"也会被你所发现与发明。另外，作为80后、90后的年轻人，你们在工作态度与工作关系方面肯定存有明显不足。这是因为一方面你们的社会接触十分有限，因此容易形成固定的模式，总也跳不出窄小的圈子；另一方面你们大多是独生子女，家庭"小太阳"的地位养成自我为中心的不良习性，惯常于我行我素地对待与认识任何事物，这些都会阻碍你去专心地体会工作关系，用心地思考如何才能为自己创造和谐与稳定的工作环境。如果你已经意识到这些问题，那么就多用心来分析自己周围的人与事，勤琢磨该怎样无障碍地接纳他人，以及无障碍地被他人所接纳，从而能够百分之百地把自己的注意力放在对工作的钻研之中，为今后走向成功创造良好的条件。

指点迷津：有很多自然规律，当其没有被人们发现时，就不能得到更多、更好的利用，从而去发挥更大的实际作用。认识和发现这些规律，是需要开动脑筋，认真思考的。所以，谁肯对其真下功夫去钻研，谁就定会因此获得最大的收益。

勤于思考钻研的人常不拘泥于任何形式，也不会总是企图让自身处于十分理想的状态之后，这才去按部就班地进行某方面的思考钻研。

　　在日本的北海道，专门出产一种味道非常鲜美的珍贵鳗鱼。因此，在这个地区绝大部分渔村的那些渔民们，都是以捕捞这种鳗鱼为生的。

　　常言道"一件好事的背后，总有一件坏事"，这种珍贵鳗鱼就正是如此。原来，这种鳗鱼虽然味道鲜美，经济价值和市场均非常看好，但是非常遗憾的是其生命力却异常的脆弱，当它们被捕捞出海后，要不了半天时间就会全部死亡，而鳗鱼死亡后其鲜美的味道就大大地降低，自然其价格也就不如活鳗鱼那么高了。

　　让很多渔民感到很奇怪的是，有位老渔民也是天天出海捕捞鳗鱼，但是当他的船返回岸边后，他所捕捞的那些鳗鱼却总是活蹦乱跳的，让人看上去十分的眼馋。而其他那些捕捞鳗鱼的渔民，无论如何处置捕捞上来的鳗鱼，当返回渔港时几乎还是全都死掉了。因为鲜活的鳗鱼价格，要比死鳗鱼的价格高出几乎一倍以上，所以没有几年的工夫，这位老渔民家便成了当地远近闻名的富翁。

　　在老渔民家周围的其他渔民，也做着同样的海捞营生，但却始终只能维持简单的温饱。老渔民在自己临终时，把保持鳗鱼成活率的秘诀传授给了儿子：就是在整舱的鳗鱼中，放进几条叫狗鱼的杂鱼。这鳗鱼与这狗鱼非但不属同类，而且还是出了名的"冤家对头"。这被放进整舱鳗鱼中的几条势力单薄的狗鱼，遇到那么多的死硬对手，于是便开始惊慌地在鳗鱼堆里四处乱窜，这样一来就反倒把满舱行将待毙的死气沉沉的鳗鱼，如数全部都给激活了。

　　几条小小的狗鱼，为什么会变成为老渔民致富的秘诀呢？在这里面当然一定浸透着他的深钻细研和特别用心。

　　指点迷津：用几条小狗鱼，就可以解决让众多渔民为之犯难发愁了很长时间的鳗鱼保活问题。其实，老渔民的这个招数并不很复杂，也没有多大的技术含量，但是却能够非常有效地让鳗鱼条条鲜活。也许，老渔民是在偶然中发现这个招数的，但这种偶然必定是出现在老渔民长期刻苦探索、潜心研究的必然之中的。你也会与所有年轻人一样，对于自己的未来有着十分美好的憧憬。但是，这些憧憬是需要逐步实现的，否则就不过是场梦幻而已。那么，在理想转变为现实的过程中，你需要大力强化自身钻研的实际能力，以便于去探求寻觅能够激活自身激情的"狗鱼"，并且利用这般高超的人生智慧，使得自己能紧紧抓住更多的成功机会，比他人更快地走近成功。

成功秘籍

爱钻研的人们，通常都具有勤于观察、善于思索、敏于经营的习惯，他们可以从普通事物中看到特殊意义，也可以从积极的思考中想出好主意，还善于从人们喜好中找出十分难得的商机来。

对于某个非常普通，甚至于是非常荒诞的念头，普通人是绝不会对其非常注意的。可很不幸的是，就是在这些极易被忽视的念头中，常常会蕴藏着十分巨大的成功机会。唯有那些善于用心观察与钻研的人，才会率先地成为最大受惠者。

事物的变化本是根据其内在与外在的规律进行的，人们要想很好地认识掌握种种变化的发生与发展，就必须要对这些规律进行一番浅出深入、由表及里、精心细致的研究分析，在获得了大量的第一手资料与深刻认知的基础上，方可应付自如地在变化中将事情成功办好。

勤于思考的人常是不会拘泥于任何形式，也不会总是企图让自身处于十分理想的状态之后，这才去按部就班地进行某方面的思考钻研。有很多自然规律，当其没有被人们发现时，就不能得到更多、更好的利用，从而去发挥更大的实际作用。而认识和发现这些规律，是需要开动脑筋，认真思考钻研的。所以，谁肯对其真下功夫去钻研，谁就定会因此获得最大的收益。

建立目标是一种平衡：在企业成果与遵循人们所相信的原则之间的平衡，在企业当前需要与长远需要之间的平衡，在期望的结果与可用的资源之间的平衡。

（美）德鲁克

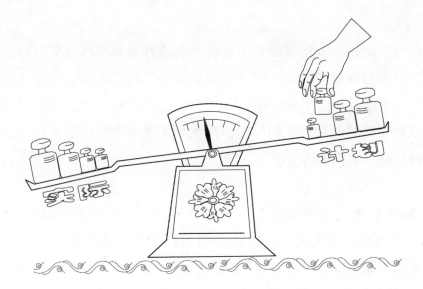

14 深入细致定计划，张弛有度谋成功

计划是指先于事物将要运作之前，所进行着的那些预测分析、先期设想、前期规划和预先安排等事项。很明显计划就是对将要进行的各项具体工作提前给予筹划与安排，目的是加强事物运作时的针对性，安排事物实施时间和预期的目标，并建立调度事物的权限及相应较细致地做好各方面的准备工作。

抛砖引玉： 有句话讲"人心不足蛇吞象"，比喻做事不顾现实而追求过于奢华与超前的目标，最终是不可能得以实现的。还有句话讲"盲人摸象"，比喻人们盲目对待事物，以至于根本就分不清局部与全局的区别所在。在这两句话中，所缺少的不都是要按计划行事的能力吗？

有位青年带着满怀忧愁烦恼，去深山密林寻找达能智者。原因其实很简单，自大学毕业之后，他曾经雄心勃勃、激情高涨地为将来设

立了许多宏伟目标。可是几年实践过来，竟然会是一事无成。于是，就想找高人为自己指点迷津。

当他终于见到达能智者时，其正静坐在滨临河边的小屋里读书。达能智者默默听完青年如此这般的倾诉后，微笑着对他说："小伙子，你先来帮我烧壶开水如何？"

青年因有求于人，自然非常爽快地答应了。他在屋外墙角处找到个很大的水壶，在壶旁边还有个小火灶，可是灶膛内并没烧火用的柴火，于是他便四处去搜寻。不久他便拾回些枯树枝，并在小河边装满一壶水。他将壶放在灶台上，在灶膛内添放了枯树枝后将其点燃。可是由于这个壶很大，那些拾回的枯树枝都差不多要烧尽了，壶中的水仍是没有任何动静。于是，他又跑出去继续寻找柴火，当他返回时在灶台上的那壶水又已全凉下来。这回他似乎学聪明了，没急于去点火热水，而是再次出去找了更多的柴火。由于这次烧火用的柴准备得很充足，所以那壶水终于烧开了。

这时，达能智者出现在青年身后忽然问道："小伙子，如果你事先没备足柴火，又该怎样把这壶水烧开呢？"

青年闻声后细想了一会儿，迷茫地看着达能智者摇了摇头。

达能智者接着说："你是否想到，把水壶内装的水先倒掉些呢？"

青年闻声若有所思，然后便频频点头称是。

达能智者见状接着又语重心长地说："你离开学校时踌躇满志，并树立了太多又太不切合实际的目标，就如同这个大水壶装了太多的水那样。而你又没有准备足够的"柴火"，所以便不可能把你心中的欲望之水"烧开"。要想把这水烧开，你或者应从中倒些水出来，或者去备足够多的柴火！"

青年在达能智者点播下恍然大悟，他回去后即刻把原来计划中所列的众多目标加以适当削减，只留下近期最有可能实现的几个目标，并重新制定了新的实施计划。与此同时，他还利用业余时间学习各种相关专业知识，努力缩小工作能力上的差距。结果不出几年，他的这些目标基本上全都如期实现了。

指点迷津：做事通过善于计划、精于计划的安排，便会形成优势叠加，功效倍增的大好局面。很多的有志青年，都会对自己人生存有较大抱负，希望日后能取得很大成功，这是无可厚非与无可挑剔的好事情。问题只是在于，这些抱负与希望必须与个人实际相结合，必须是经过努力可加以实现的确切目标。而那种好大喜功、追慕浮夸、好高骛远的所谓目标，除了悲观失望与钻进死胡同之外，绝不会给人们带来任何益处。在实际学习与工作中，你或许已经深深体会到"愚者错失机会，智者善抓机会，成功者创造机会"这样的道理，也不时地在激励自我如此去实践。那么，你就必须对自己的人生做好计划，对未来做好准备。在此，"准备"二字并非仅是说说而已，因为机会将更多提供给那些已充分做好各项准备的人们。你是怎样看待与对待自身的长处与短处的，这对于你的发展和进步尤其重要。你只有扬长避短，才会获得更多的机会，你只有以长补短，才会显示很强的能力。所以，你对于自身的发展和进步，要认真做好讲求实际与合理周密的计划，要对太多的欲望实事求是地进行删繁就简，踏踏实实从最近的那个目标开始做起，然后逐步走向成功。相反你若是万事挂怀，看上去面面俱到，颇有吸引力，但常会因能力不及，以至于半途而废。另外，你只有更多的"备柴"，合理的"添水"，才能给人生事业持续加温和快速加温，因此而始终保持高昂激情，向着成功目标稳步迈进。

抛砖引玉：想好了再去行事与行事中再去想，它们之间会产生很大的不同，所得到的结果也自然会是相差甚远的。前者精于计划，目标和收益均非常确定；后者陷于盲目，目标和收益均非常渺茫。

有3个人将要入狱被监禁3年，监狱长为体现他本人宽厚仁慈的性情，就在收监前给了他们每人一个机会，可以按照自己的嗜好提出某方面的要求。

美国人喜爱抽雪茄，便提出要3箱雪茄。

法国人最喜爱浪漫，便提出要个美丽女子相伴狱中。

而犹太人喜欢信息，便提出要一部能随时与外界沟通的电话。

监狱长果然非常大度，毫不迟疑地就应准了他们，并且如是满足了他们的要求。

3年过后，释放3人的监狱大门缓缓拉开时，第一个由门内冲出来的是美国人，只见他嘴里、鼻孔里都插满雪茄，并高声大喊着在狱中已整整喊了3年的那句话：快给我火，快给我火！原来，他在向监狱长提要求时，竟然忘了同时提出要火的请求。

接着由门内跑出来的是法国人。只见他怀里抱着个小孩，他身后跟着个手里牵着个小孩的美丽女子，且她那高高挺起的肚子里还正怀着法国人的第三个孩子。这几个孩子降临人世间，应该感谢他们的父亲当时提要求时，竟然忘记同时提出要避孕药的请求。

最后由门内出来的是犹太人，只见他紧紧握住监狱长的手说："这3年来我每天与外界联系，我的生意不但没有因此停顿，都是按计划如期地顺利实施，结果收入反而增长了两成以上。为了表示我衷心的感谢，那边那辆崭新的劳斯莱斯房车是送给您的酬谢之礼。"

指点迷津：这则笑话在告诉与提示人们，当在生活与工作中去对事物进行选择时，善于精细打算及留意长远计划是非常重要的。你看到了这3个入狱者3年前的选择，就决定了3年后会有这般最终结果，假如前两个人都如同后一个人那般的善于与精于计划行事，那么其最终结果会不会是更为遂心如意呢？对于即将要去做的事情及未来还没有发生的事情，你当然不会是如数家珍，胜券在握，但最少也要知其一二。这样，就需要事先进行足够的准备，尽可能借助经验和规律的指点，去制定非常具体与行之有效的计划，然后依据计划去认真行事，如此一来便会相应减少盲目性和准备不足的失误。你千万别因失于计划而重蹈由美国人和法国人所做出的那种促人捧腹又令人悲哀的人间闹剧。

抛砖引玉: 在有些看似浅显的道理中, 往往却蕴含着十分深刻的哲理。经历和经验便是产生这些哲理的深厚基础, 当人们在进行计划安排时, 这些哲理就成为其最好的借鉴与最真实的依据。

在现实世界中行走, 有时人们不一定事先就知道在那条路上, 何时何地会出现怎样的困阻与风险, 但是路毕竟还是要接着走下去的。所以, 如果事先善于进行细致周密的计划, 并将各种有效的应对措施加入计划中, 不时地进行督促和修正, 那么就不会让人们走错路, 或者在走错路时能够及时给予发现, 不至于沿着错路走得太远。

有名探险家来到南美深山丛林, 准备去进行足可引起轰动的原始林区的探险, 并渴求能够寻找到古印加帝国文明的遗迹。他雇用当地的土著人来做向导及挑夫, 于是一行人便浩浩荡荡地朝着丛林的深处走去。尽管这些土著人背负着沉重的行李, 但是他们的脚力实在是过人, 仍然能够在密林中健步如飞。在整个队伍的行进过程中, 总是探险家在不断喊叫着要休息, 让所有土著人停下来等等他。一连3天的行程, 探险队都很顺利地实现了原定的计划。

可是到了第四天, 当探险家一早醒来催促向导准备上路时, 不料土著人们却坚决拒绝行动, 探险家对此感到非常气愤和十分不解。经过一番沟通之后, 探险家这才彻底弄明白: 原来土著人自古以来便流传着一种神秘习俗, 在赶路时会竭尽全力拼命向前行进, 但每当走到3天之后, 便要停顿下来在原地休息1天。当探险家再三追问其中的原因时, 土著向导这才说出一句足以让他受益终身的话: 那是为了让我们的灵魂, 能够追得上我们已行走3天路途后的疲惫身体。

指点迷津: 这位土著人的话是多么富于哲理, 他们懂得在做任何事时都应极力维护人性的完整无缺，只有如此才会焕发出无穷无尽的能量。他们的这种表现本身就是一种计划，并且由普通事物上升到了人生理念的高度，而且这个计划更加注重于体现理性与现实的结合，因此就足以应付和预防丛林跋涉中可能会出现的所有难题和困境。现在有很多人都认可，那些足以摆平或解决各种棘手问题的人才算是优秀者。其实，这种观点还是有待商榷的。俗话说"计划行于事先，预防重于救急"，善于计划且能防患于未然者，则会是更强势与更善于乱中制胜者。由此推论，能够在事先进行周密部署安排，并逐步引导事物按计划部署精心运作，有力促使事物稳定持续发展的人，才应该算作是优秀的人才。你看虽然此处仅是突出了计划二字，但其中所包含的实际意义与所显示的巨大利益，却是非同小可的。在如今激烈的竞争时代，你会是终日地在忙碌着，这也是当今社会与时代所有人的生活常态。就在这般忙忙碌碌之中，你可能常会是只顾用力拉车，只顾行进的速度，只顾计算着到达终点的距离，却唯独缺少了不时地抬头看路，缺少了去做周密计划的心思。那么久而久之，你就会突然发现自己竟然转着圈地留在原地，甚至还后退了许多。

抛砖引玉： 其实，盲目性就是缺少合理计划的典型表现。有时，盲目性还会导致人们失去对事物的正确评估与准确判断，而去做出些让人们难于按正常思维接受的蠢事来。

计划并不是只要有了就是好的，有些计划看似周密和对路，但是如要实行之，便会显露出百般的荒谬来。

有个羊倌借了邻家的一根针与线，准备缝补裤子上的几个破洞。但是由于粗手粗指的，结果一不小心将针线给掉在羊群中，怎么找也找不到了。回到家后，他一边诅咒着自己的粗心，一边四下看着找着。突然，窗台上放着的一根用来支窗户的铁棍引入他的眼帘。于是，他突发灵感，拿着铁棍向村外的河边奔去。来到河边后，他便找了块较为平坦的大石头，支在河边拿着铁棍在其上使劲地磨了起来。

村里有个人正好从河边路过，当看到羊倌正在非常起劲地磨着根铁棍，非常好奇便忍不住上前探问："羊倌你不去好好放羊，跑到河边来这是干什么？"羊倌抬起头说："我把借的针弄丢了，我要将这根铁棍磨成针。"过路人说："用这根铁棍磨针，真亏你想得出来。你准备磨到何年何月啊？"羊倌连头也不抬地说："你没听人说吗，只要功夫深，铁杵磨成针。"过路人一下子就被羊倌这句话震撼了，不由得从内心开始暗暗佩服这个羊倌的执着精神了。

过路人回村后，便将羊倌要将铁棍磨成针的事情，向其他人绘声绘色地讲开了。人们此刻都对羊倌肃然起敬起来。于是，羊倌因为此事而在方圆几个村里闹出名了。许多人还专程跑到河边去看羊倌磨针，有的还不停地为他加油打气。羊倌于是越发得意，磨得也更加起劲了。许多村里人借机将孩子们带到河边，指着磨铁棍的羊倌说："看看人家，多么有恒心。"孩子们则似懂非懂地看着满头大汗的磨针人。

羊倌用铁棍磨针的事越传越远，甚至还有人把他的事迹编成当地小曲到处传唱。这件事情很快传到一个智者的耳朵里，他闻讯沉思良久后，便决定亲自去见见这个磨铁棍的人。

智者来到河边，从身上拿出根针要换羊倌手中的铁棍。羊倌对此举非常愤怒，他站起身来向智者吼道："我凭啥要换给你？你用根小小的针，居然就想换我这根铁棍，你不知道我正在用它磨针吗？"

智者摇了摇头道："那我就不明白了，你无非是需要根针缝裤子，我用针和你换，你为何又不愿意呢？"羊倌这时脸一下子红了。

智者继续说道："你所需要做的事情是用针缝裤子，无非是件如同针一般的小事情，而你却放着现成的针不用，非要耗费如此多的精力和时间，把根好好的铁棍浪费掉，你想过没有这样做就真的值得吗？"这时羊倌的脸更红了。

智者见此状后，就带着教诲的口气继续说道："你应该记住，今后当你仅是需要一根针时，千万不要再去动磨铁棍的念头。因为，这并不是合理的人生计划。"

指点迷津：典故"只要功夫深，铁杵磨成针"，是用来形容那些特别勤奋努力之人的。而本故事中的这位磨针者，却是与之大谬不同的。他的磨针是出自于计划的缺失，原本完全可以再去买根针来，如此皆可解决所有的问题，可他却是偏要去盲目地效仿前人，在那里白白浪费宝贵的时间。这般愚蠢之举若是在你身边发生，你又会怎样去对待呢？例如，对于有些公式与定理，你会总是因为记不住常在考试中出错。于是，你就下决心数十遍甚至于数百遍地去抄写或做习题。但是你又会发现，当考试中再次遇到时还是依然如旧。其实，假如你善于做学习计划，就会认真分析造成这样的原因究竟是在何处，然后再有目的地循序渐进，真正把这些公式与定理完全消化与印刻在心中，这样并不非要花费很多时间，就足可将问题彻底地解决。在这其中，做出合理计划就是关键。

抛砖引玉：人们身边的事物是多种多样的，事物本身变化也是层出不穷的，人们对于事物的选择与应用自然较多。如此看来，若是不去对其实行周密细致的计划，那么就很容易走向张冠李戴、物是皆非的歧途。

读大学时期，我们几个同学常会去带课的老教授家中做客。几个文人凑在一起，总爱高谈阔论，激情满怀，仿佛横行天下无所不能。老教授也总是在一旁倾听着，从不参与我们的这些热闹话题。

我们快要毕业离校了，大家又凑在一起决定去老教授家最后一次聚会。如同往常一样，当我们的激情宣泄过后，老教授破例开口说，他请大家一起来同他做个测试。他的话音刚落定，我们顿时又都来了极大的兴致，纷纷催促老教授快点开始出题测试。

老教授首先问道："如果你使用木材需要去砍树，正好有两棵树，一棵树粗，一棵树细，你会先砍哪一棵树？"

这边的问题刚一出，那边大家就都七嘴八舌地抢着说："当然是先砍那棵粗树了！"

老教授听后笑一笑又说道："那棵粗树不过是棵普通杨树，而那棵细树却是质地很好的红松，现在你们会先砍哪棵树呢？"

这回问题似乎有点难度了，我们大家想了片刻，彼此间交换着眼神，都在心中想着红松真的比较珍贵。于是就有人又抢先说："那当然是先砍红松了，因为杨树质地不如红松好嘛！"

老教授此刻仍然带着不变的微笑看着大家继续发问："那如果杨树长的非常地笔直，而红松却长的七歪八扭，你们会先砍哪棵树？"

听了老教授的发问后，我们大家有些疑惑不定，因为这个变化有些出人意料，过了一小会儿有人以试探的口气说："如果是这样的话，我看还是先砍杨树，因为红松虽质地好但弯弯曲曲的外形降低了使用价值，或许什么都做不了！"

老教授此刻目光闪烁着微笑，我们大家猜想他又要增加提问条件了。果然，他再次开口说："杨树虽然笔直，可由于生长年头太久，中间大多都空了，这时你们会先砍哪棵树？"

大家虽然一时猜不透老教授葫芦里卖的什么药，但还是从他所给的条件出发，回答说："那还是先砍红松，杨树都中空了更没使用价值！"

老教授毫无休止测试的意思，紧接着问道："红松虽不是中空的，但它毕竟扭曲得很厉害，且砍伐起来也非常困难，你们看先去砍哪棵树？"

我们大家此刻索性也不去仔细考虑老教授到底想得出什么结论，就紧跟着说："既然同样没啥大用，当然挑选容易的先砍，那就砍杨树吧！"

老教授不容大家喘口气又问道："可是在杨树之上有鸟巢，且巢中还正有几只嗷嗷待哺的幼鸟，现在你会先砍哪棵树？"

终于，有人问道："教授，您这么问来问去的，导致我们大家一会儿砍杨树，一会儿又砍红松，所有的选择总是随着您的条件增多而变化，您到底想告诉我们什么？又想测试些什么呢？"

老教授这时收起了笑容非常认真地说："你们在回答提问时，为什么就没人问问自己，到底为了什么去砍树呢？虽然，我的测试条件在不断变化，可是最终结果不是要完全取决于你们最初砍树的动机与计划嘛。如果想要烧火用取柴，你就砍杨树；想要做工艺品，就去砍红松。我想你们当然不会无缘无故地提着斧头去砍树吧！"

指点迷津：老教授在向学生们发问，并且每次发问时，都会给出新的附加条件来，这让大家渐渐地失去了主心骨，面对繁多变化而显得有些茫然与迷失。老教授此举主要目的是在启示同学们，去做任何事情都要明白何为目标，其后据此做出相应的计划，最后水到渠成地解决问题达到目标。因为有变化出现，所以才要更加注重事先的计划，如此才不至于走错了方向，且不会陷入被动的局面。围绕目标去做计划，有计划地去实现目标，这才是正确的行事方法。

成功秘籍

提高工作效率就要克服拖拉习惯，因为拖拉之风将会造成严重后果。人们如果克服了做事拖拉的习惯，就会跑在时间的前头，就意味着将会获得巨大成功。想好了再去行事与行事中再去想，它们之间会产生很大的不同，所得到的结果也自然会是相差甚远的。前者精于计划，目标和收益均非常确定；后者陷于盲目，目标和收益均非常渺茫。

其实，盲目性就是缺少合理计划的典型表现。有时，盲目性还会导致人们失去对事物的正确评估与准确判断，而去做出些让人们难于按正常思维接受的蠢事来。有句话讲"人心不足蛇吞象"，比喻做事不顾现实而追求过于奢华与超前的目标，最终是不可能得以实现的。还有句话讲"盲人摸象"，比喻人们盲目对待事物，以至于根本就分不清局部与全局的区别所在。在这两句话中，所缺少的不都是要按计划行事吗？

人都各有所长，也各有所短。且长处甚足喜，短处亦足悲。那么试问你是情愿喜多悲少，还是悲多喜少呢？最完好答案无非是：以此之长，补彼所短。而要做到扬长避短就必定总是需要你去进行一番精心计划的。

人们可以看到，计划的执行力对随后开展的各项工作存在着很大的影响：合理有效的计划会减少许多工作阻力和困难，而不合理的计划则会干扰工作顺利展开和增加工作难度。如果把工作比喻为行驶在路上的车辆，那么计划就是路上那众多的指示路标，引导着车辆快速、准确、安全地驶向目的地。其实，当你在进入小学时，就已经接受做事要计划的训练了，不是吗？你手中肯定会有课程表，实际这就是关于学习的计划。既然如此，按计划行事的习惯早就培养，那为什么还会时常再来强调计划性呢？这是因为很多人不同程度地存在办事马虎与拖拉的毛病。很多事不同程度存在各自的特点和时效性，这些问题不解决好事情也就很难办好。这就形同人总会有生病的可能，必须对其给予提前预防和及时治疗一样的道理。年轻人因具有时间优势，所以很容易忽视时间的宝贵性，认为自身还年轻，时间还有很多，于是容忍了办事拖拉与松懈的不良习惯，过着"明日复明日，明日何其多"的糊涂日子，有日待幡然猛醒时，时光均悄悄逝去，已是追悔莫及了。所以，你要深谙"尺璧非宝，寸阴是竞"的人生哲理，去认真计划与打理好自己的人生。

伟大的心脑，应该表现出这样的气概——用笑脸来迎接悲惨的厄运，用百倍的勇气来应付一切不幸。

鲁迅

15 自信无缺陷，勇猛直向前

自信是指个人或团体凭借自身所具备的能力，敢于追求远大目标，敢于固守坚定信念，敢于面对艰难险阻，敢于承担各种责任和敢于完成各类任务，随时随刻地都在激励自我奋勇向前的那种精神与意志。

抛砖引玉：人生活在现实社会，必然会遇到错综复杂的矛盾困顿与短兵相接的利益之争。假如你想做成功者，就应该从这些矛盾和利益的纠缠中摆脱出来，并站立在自信、自强、自立的高处，无畏无惧地俯视眼前所发生的一切，果敢坚定地努力做好每件事情。

既然人生之路是自己走出来的，那就坚定地沿着这条路走下去，不管将会发生或将会遇到什么，都始终对自己保持足够的自信心，这样才会做到在未到达目的地之前将绝不停步。

有个叫纳吉的青年，在人们眼中他不过是个非常普通的人，他既没有什么特长与才能，生活和学习能力也显得很一般，且其外表似乎还有些木讷呆板，所以几乎没有人相信他日后会有什么惊人之举。

从学校毕业后，纳吉便择业进入到推销保险的行列中。他开始工作时便四处碰壁，所去的那些公司和机构不是已经买了保险，就是对保险根本没有任何兴趣，任他说到口干舌燥、词穷言尽，可对方就是无动于衷，不加理睬。于是，他便改换途径去上门挨家挨户地推销。但是许多人家经常隔着门缝听说他是上门推销保险的便连门也不开，即便是开门了也总是毫不客气就将其拒绝，还有部分人家不仅不理会还会开口骂人。纳吉吃尽了闭门羹的苦头不说，还因为业绩始终在距离零不远的地方晃动，于是有人开始说他根本就不是干这行的料！

难道真的入错行了？难道自己真的就如此愚笨吗？纳吉带着自责的情绪反复在扪心自问。经过一番认真地思考之后，他给自己的答案是不能就此服输，一定要再全力去试试看，他人能做到的事我也能做到，而且还要力争比他人做得更好才行。当自信心被确定之后，纳吉面对困境挺直腰身，尽管打击还在不断加码，但是工作情绪更加高涨，他比以前更加努力刻苦地工作，不断在失败中总结经验教训，他在内心反复地告诫自己：一定要以良好的敬业态度对待所有的顾客，一定要努力提升自己的业务素质，注意改善和提高自己的交际公关能力，以便能和顾客之间达成很默契的相互关系，增进顾客对自己的信任感。许多同伴见到他的如此状况，都说纳吉成天乐呵呵的就知道埋头干活，活像是个弹簧人既压不倒也挤不扁。功夫不负有心人，自信心十足的纳吉终于从困境中走了出来，不但获得了较好的业绩，还始终处在遥遥领先位置，并以突出的业绩跻身于保险业优秀销售员的行列，且还因此被增选为保险公司委员会的委员。

他在向他人表达自己成功的感悟时说："其实我与大家相比并不高明多少，而且还是个平平常常的人，只不过我对事业的自信心从未出现过任何动摇，在设置个人目标时总要比他人定得高些，并努力在实践中寻找实现这些目标的有效方法。我总是这样鼓励自己，既然他人可以实现自己的梦想，那么我也一样能行。正是在这种自信心鼓舞下，经过几年艰苦不懈的奋斗，我才逐步走向了成功。"

指点迷津：有许多成功者实际上并不是天才，只是个具有普通大众共有品质的普通人，但他们同时还具备了足以控制自我的品质——自信心，由此一来便能够达到普通人所不能达到的精神境界，正是这种精神的支撑使得他们获取了巨大的动力，从而坚定不移地走向了成功。纳吉正是这样的一个人，他经历了无数次失败的重击，尝到了业绩落后众人的痛苦，可是他并没因此而失去自信心，也并没因此而产生任何退缩的意念，相反却是以百倍的努力去拼搏，结果终于走向了成功。通过纳吉的故事，你应该清楚自信心更多是和实际境遇紧密联系在一起的，那种困境的纠葛总是在或多或少的、或重或轻地影响着你的自信心。对此，你将采取何等的作为呢？是否能够经得起严酷打击的考验呢？纳吉的表现还告诉你，自信是人的精神支柱，它不但能持续地给予你激励，也可以将你的能力给予充分发挥，使得你能够在困难和挫折面前不认输、不低头、不退却。你若是始终保持着自信的心态，就等于是始终把希望留在了心中；你若是始终保持着自信的心态，就等于是可以藐视所有的困难与阻力；你若是始终保持着自信的心态，就等于是将机会更多地握在自己的手中。所以，自信心在做事的起点与终点都是不可缺少的，不论是从事任何事业你都应该具备：一是具有持久的信心与十足的干劲，二是要及时地进行自我激励，三是保持强烈的进取欲望和意愿，四是拥有良好的心态与动机，五是既张扬个性又善于控制情绪，六是持续开发个人想象力和创新力。试想，当你具备了这样一些条件后，难道离成功还会很遥远吗？

抛砖引玉：世间的任何事物，都不可能绝对的一成不变。对于这样的结论，只有那些从来不轻易放弃自信心者，才会有机会通过实际的经历去加以亲身体验。

有两只小青蛙，趁夜溜进农舍。不小心跳进了灶台附近的油罐里。

油罐内差不多装有近半坛的半凝固状的黄油。两只小青蛙想从油罐中跳出来，但是由于黏稠的黄油质地太滑，油罐内壁也十分的光滑，加之又没有任何可借助攀爬的突出部位。多次努力，但是都以失败而告终。不久，它们就折腾到了筋疲力尽的境地，并且开始感觉到逃生的希望已非常渺茫了。

就在这一刻，A青蛙想今天算是遇到绝地了，都折腾这么长时间了，还是无望跳出去。所以它的逃生之念也就由此彻底崩溃，干脆伸展已十分困乏的四肢，再也懒得去做任何挣扎了。

而在这一刻，B青蛙却与之相反，它在想今天算是遇到生死挑战，眼下情况极为不利，跳出去的希望的确很小。但是，它并没因此而放弃任何努力，虽然四肢早已累得划不动了，但始终还是坚持用力划着，没有产生任何放弃的念头。就在它差不多精疲力竭再也划不动时，终于碰到较为坚固的表面，原来罐内的黄油在B青蛙不断划动搅拌中开始凝固了。于是，B青蛙终于成功地跳出了油罐。

如果在面临困难和处于险境时，大家若是也能像B青蛙那样，不是坐以待毙，不轻易丧失信心，总在千方百计地设法自救，那么其结果便常会是逢凶化吉，别有洞天了。

指点迷津：B青蛙在那般险恶的环境中，没有放弃希望与自信，在遭遇一次次失败之后，仍然是一次次地做着逃生的努力，其实你不必去在意它们是否能够成功逃生，需要记取的是希望和生机只是在你为之付出最大的、最艰辛的、最长久的努力之后方才出现。有些事物看上去显得没有任何规律，总是杂乱无章地出现，这使得你对其手足无措，想动手解决问题可不知该从哪里下手，若不去管它又可能会对其他事物产生严重影响，也就在这时你的自信心将决定最终的结局。如果你非常地自信，那么就可能知难而进，去一层一层地揭开那些阻碍你行事的谜底，去一个一个地解决那些棘手难办的问题。假如你失去自信，那么就只有如同 **A** 青蛙那般带着满肚子的疑惑，留在原地徘徊不前。

在漫长的人生之旅中，如果你总是面对风险和困难失去自信心，期待与等待风平浪静的时刻出现，然后才敢向前迈出你的脚步，那么很遗憾这个时刻可能永远不会出现。

成功秘籍

自信体现在两种结果中：一是取得杰出业绩，并为此赢得赞誉和尊重；二是达到人生预期目标，为此获得成就感和自豪感。人们的信心和情绪，就形同是大海潮水那般，有时会激情高涨，有时又会失意退落。这如此往复的变化，自然对人们产生很大影响，且这种影响有正面的，亦有反面的。

对于人生相当超脱者而言，在毕生中去获得成功其实是件好事，且对其超脱的人生之旅反而有益。因为，超脱者更需要有自信心，失去自信心他可能连半天都生存不下去。

人生活在现实社会，必然会遇到错综复杂的矛盾困顿与短兵相接的利益之争。假如你想做成功者，就应从矛盾和利益纠缠中摆脱出来，并自信、自强、自立地站立在高处，俯视眼前所发生的一切，努力地去做好每件事情。

一个人能否做出被社会认可的成就，除了环境与机遇等外部因素外，同时起作用的还有个人的自信与才能。单是据此，人们就应该从更高的视界与境界看待成功，而不仅是以贫富成败论英杰。

到目前为止，取得这样的成果，我总结了一条经验：就是预先要把事情想清楚，把战略目的、步骤，尤其是出了问题如何应对，一步步一层层都想清楚；要有系统地想，这不是一个人或董事长去想，而是有一个组织来考虑。当然，尽管不可能都想的和实际中完全一样，那么意外发生时要很快知道问题所在，情况就很好处理了。

柳传志

事物进程中的难点与问题

16 站似松,眼前轻重有别;坐如钟,手下急缓循序

稳健是指在日常所有的行事之中,通过自身修养和处世原则,随时保持稳定的情绪,运用良好的心态,依靠积极的应变能力,采取高效的运作方法,去稳妥地化解与处理包括突发事件在内的一切问题、矛盾、困难,从而得以持续稳定地去谋求自身的发展。

抛砖引玉:美味可口的大菜固然分外地吸引人,但是如果对其暴食暴饮则非但无益反而是有害的。同样的道理,那些求名求利的欲望固然也是分外地吸引人,但是如果对其狂求猛追则非但无益反而是有害的。

有位著名心理学家通过大量研究得出结论:现代人都活得很不轻松,内心经常处于焦虑烦躁状态,失意感和挫折感较严重,心理表现非常不稳定。对此,他进一步剖析出其主要内在原因是各种欲望的淹没及人生目标的迷失;而主要外在原因是缺少稳健的心态与稳健

的行为。

因受外界的影响时常把个人的情绪搞得一团糟，这是现代人生活中时常会发生的现象。一旦人们处于这般的混乱之中，其内心自然就失去了往日的平衡态，结果生活、学习及工作就因此会变得缺失条理，今天想干这，明天又想干那，人生目标自然也会是陷于混沌盲目之中，有甚者还会直接影响到其心理健康。人如果是处在这样的环境中，那就绝不会再有任何幸福感，并可能还会多次失去眼前的发展机遇。

心理学家诚挚地劝导人们，稳定的心理素质可以促成稳健的行为，而稳健行为对维持心理稳定又是十分重要的先决条件。人们不妨每天早上花点时间，心平气和地扪心自问：你真正想要的是什么？你人生最主要的是什么？这样一来，兴许就会平抑因欲望与名利所引致的心理波动，以较为平静、较为稳健的心态开始新的一天，致力于近期应做的那些事物，而不是在那里坐等那种遥不可及的目标出现。

心理学家还进一步指出：人们对人生的迷失，一般说来都起因于向未来索要的太多，而在短时期内又无法实现的缘故。这种缺失稳健的人生态度，使人无法达到神情专注，往往总是刚做着这件事，同时又在心想着那件事，结果是什么都没有做好；这种缺失稳健的人生态度，会让迷失的人们对今天失去耐性，不但错过许多近在眼前的机遇，而且还会把属于自身的未来也都丢得一干二净。

心理学家最后总结到：人们必须学会让自己专注下来，不至于被眼前众多的欲望所淹没，找准人生的平衡点，以便能够既稳健又轻松地去做事，这样才能使人生不但卓有成效而且十分快乐。因为不再有心理负担和压力，人们才能在人生轨道上稳定地运行。而稳定运行在人生轨道上的人们，一般是不会轻易受到诱惑与欲望的随意摆布的。

指点迷津：从心理学家的分析与结论中，人们足可看到各种欲望均是把双刃利剑，即可有益于人们，也可有损于人们。这其中，对欲望进行适当控制和合理选择便是十分必要的，而稳健就是实现这种目标的先决条件。因为，求稳必将会谨慎抉择，求健必定会精准运作。你在生活、学习和工作中，是否也是要求自己稳健地去从事呢？年轻人做到行事稳健是件很不易的事情，也许还有人会说这似乎与年轻人青春活力的特点有些矛盾，其实这是对稳健的一种误解，因为稳健绝非指思路迂腐和行动迟钝，正相反稳健是指思路机敏和行动果断。你可以细细地历数身边那些成功者，看看有哪个不是具有稳健做事的方式与习惯呢？他们之所以会如此，皆是因为能够很好地把握自我心态的平衡，既不保守，也非激进；既不固执，也非盲从；既不愚钝，也非浮躁；既不碌碌无为，也非好高骛远。所以，每在做事之前你也应力求找准自身的平衡点，没有什么比这更为重要的了。如果你能很好地做到这些，那么自我感觉定是很平稳、很自信的，甚至可以说会是很幸福的。

抛砖引玉：人们千方百计想要得到的，实际上永远会大于已经得到的。一方面，始终不能满足的欲望让人们时刻感受着痛苦；另一方面，这种始终不知足的情绪亦在推动着人们持续地进步。对于稳健者而言，这种痛苦相应会少些，而这样的进步则相应会更显著些。

在林肯就任美国总统大选结束后的几个星期，有位叫巴恩的大银行家曾看见参议员萨蒙·蔡斯从林肯办公室中走出来，于是就主动对新任总统林肯说："你不要将此人选入你的内阁。"

林肯问："你为何这样说？"

巴恩答："因为，我认为他比你要伟大得多。"

林肯说："哦，是这样，那么你知道还有谁比我要伟大？"

巴恩说："不知道了。不过，你为什么会是这样问？"

林肯答："因为，我要把他们全部都收入我的内阁。"

后来的事实证明，这位银行家的话是有根据的，蔡斯的确是个能力过剩的家伙，自然这个大能人的性情也是十分张狂的。蔡斯曾狂热追求过最高领导权，而且其嫉妒心也是极重的。虽然他本人也想入主白宫，但却被林肯给"挤掉"了，所以不得不退而求其次，想去当国务卿。可是，林肯总统却偏偏任命了西华德为国务卿，如此一来他只好坐在了第三把交椅上，因而他对此颇为不满，也常常为此而搞得激情难控。尽管是这样，林肯对他还是非常地器重，不但将其任命为财政部长，还极力与他之间保持平衡关系，以减少在工作中可能发生的摩擦或出现矛盾。

有一天，《纽约时报》主编亨利·雷蒙特来见林肯总统。当说到蔡斯仍在狂热追求总统职位时，林肯总统则以他那特有的幽默感，对其讲述了一段故事：雷蒙特，你不是在农村长大的吗？那么一定会见过马蝇吧。有次，我和我的兄弟在肯塔基老家农场犁翻玉米地，当时我牵马在前，他扶犁跟在后。那匹拉着犁的马很是懒惰，干起活来无精打采的总不肯卖力，结果兄弟二人便要因此多受其累了。但是，有段时间它却突然飞快跑起来，显现出异常卖力的样子，这使得我这双腿都差点跟不上它了。等到了地头之后，我发现有只很大的马蝇叮在那匹马的身上，于是就上前把那只马蝇打落了。此刻，我的兄弟却问我为什么要打掉它，我回答说不忍心看这匹马这样挨马蝇的叮咬。可是我兄弟说："难道你真的就不明白，正是因为这只马蝇的叮咬，这个懒家伙方才飞快跑起来了！"

当林肯总统讲完故事后，接着意味深长地说："如果现在有只叫'总统欲望的马蝇'正在紧紧叮着蔡斯先生，那么只要它能使蔡斯先生在自己目前的职位上'不停地跑起来'，我就绝不会去轻易打落它。"通过林肯总统的这番话，雷蒙特便深深感受到了他那般行事稳健的独特风格。

指点迷津：林肯总统对于内阁成员的使用恰到好处，不但是知人善用，而且竟然还利用人的某些不良情绪，来激励其在自身职位更好地发挥作用，这便体现出林肯总统那般难能可贵的稳健风格。要知道稳健在于谋事，而事在于人为，你在做事时必须学会类似林肯的那般稳健做法，由此去周密细致地思考事物的特性，寻找事物之间的关联性，把握事物形成与发展的脉搏，认真策划解决问题的有效途径与方法，然后非常稳健地加以贯彻落实，通过那些局部成功的逐步累积，而最终实现全局的成功。你是否也曾有意或无意地尝试过被"马蝇叮咬"的那般强烈刺激的滋味。例如，由于妒忌那些学习很好的同学，所以便将这种不服之情，全部都转化为迎头赶上的动力之源，随时激励自己不要松劲，不要失望，亦步亦趋地向着他们靠近。再如，公司为某个项目挑选组建人员时，偏偏就忽视了你的能力。结果你对此很不服气，就专门对这件事进行了详细谋划，然后拿出足以证明自己的实力向众人显示，促使众人对你的能力产生了新的看法和识别。在这样的一些事例中，若"马蝇叮咬"的效果总是正面的，则足可表明你行事的风格是非常稳健的。

抛砖引玉：因为能够让人们永久快乐的事物并不存在，所以也就不存在人们所期盼的永久快乐。由此可以得出推论：人们所担心的永久痛苦也同样是不存在的。你所需要做好的就是稳健自信地去经历痛苦，并同时拥有着快乐。

为了使人们能实际感受快乐与痛苦的平衡关系，在某旅行者将要远行时，智者便特意把他领到金库门前，并对他说："这里面的黄金你可以随意拿取。但是，条件是你必须在路途上始终带着它们而不丢弃，让其陪伴着你走完全部的旅程。"

于是旅行者进入金库，顿时就被满目的金灿灿搞得有些发晕了，他摸着这许多的黄金暗想到，要是这些黄金全都归我那该多好。但是，片刻之后他就又复清醒了。由于他需要长期在野外旅行，故养成遇事和做事都非常稳健的习性，所以无论做什么事都要事先进行仔细的估量，谨慎从事，认真揣度前因后果，最后才确定具体的行动方式。

此刻，他先拿起块黄金掂量了几下后，感到其分量的确很重，于是就想到我将要去远行，若是身背这般沉重的黄金，肯定会因此而走不远的，于是就仅拿了其中的3块黄金。虽然，他为此感到有些遗憾，但由于行囊里不允许有太多、太重的东西，他最多也就只带走了这3块黄金。

可是，就在旅行者出发后的第二天早晨，一觉醒来他却突然发现那3块黄金已然全部都变成了石头。且这些石头对他来说不但毫无益处，反而成为行进途中的很大累赘。可是，他必须遵照智者的嘱咐，因此不得不背负着这些石块继续痛苦前行。也就在这一时刻，他在暗自地为自己庆幸：幸运啊，真的是不幸中万幸，我毕竟是只带出3块黄金！

指点迷津：得到了黄金自然是件足以快乐的事情，而黄金变成了沉重的石头自然又是很痛苦的事情。当人们面临快乐与痛苦的抉择时，有时对于快乐过多的期望，会模糊了对痛苦到来的意识，结果也就使得痛苦的影响力会更为深重和长久。这位旅行者行事则是很稳健的，他因为已经考虑到了今后将会遇到的那些实际问题，所以这才只谨慎地带走了3块黄金，虽然他因此所得到的快乐是有限的，但其后当黄金全被变为石头时，他因此所经受的痛苦同样也是很有限的。这个时节你肯定在想，你非常理解并支持这个旅行者的那般稳健的选择。因为，你一定明白快乐对于人生固然是十分需要的，但是痛苦却也不可能在此生中全部被清盘抛弃。从某种意义上说，历经痛苦之后的快乐才是真正足以为之欣喜的快乐。能正确地品评身边的快乐，稳健行事是其中重要的保证。因为这会使得你在遇事时，能对其进行全面理智的分析，善于透过表面找到其实质性的表象，可以从大局和长远的角度思忖与预测其结局，如此一来便可以明明白白地去享有身边那些真正的快乐了。

成功秘籍

其实人生原本就是个多极发展的过程，这其中会存在并衍生出种种不平衡的状态来，且当人们试图动手去解决其中的某个问题时，便会同时出现一个或几个其他方面的问题，干扰或影响人们去顺利地实现其目标，这时就将演绎出人们所说的博弈现象来。人生如果具备稳健行事的风格，那就很有可能及时拆穿这种扑朔迷离的博弈，以至于可以少走很多的弯路。

因为能够让人们永久快乐的事物并不存在，因此也就不存在人们所期盼的永久快乐；由此可以推论，人们所担心的永久痛苦也同样是不存在的。你所需要做的就是稳健自信地去经历痛苦，并拥有快乐。美味可口的大菜固然是分外地吸引人，但是如果对其暴食暴饮则非但无益反而有害。同样道理，求名求利的欲望固然也是分外地吸引人，但是如果对其狂求猛追非但无益反而有害。因此，必须以稳定的心态和方式，去逐一达到各种目标。

在做任何事情时，务必要保持方法与目的两极都是一致的与畅通的，如此才会通畅达到预期的目标。人们若是能够稳健地行事，则将非常有助于其采用适宜的方法，并因此十分有效地去实现目标。人们想要得到的，永远会大于实际上已经得到的。一方面，欲望不能满足让人时刻感受着失落；另一方面，这种不知足的情绪亦推动着人们的持续进步。对于稳健者而言，其如从这般的痛苦会相应少些，而其逆势中的进步则相应会是更显著些。

房子是应该经常打扫的，不打扫就会积满了灰尘；脸是应该经常洗的，不洗也就会灰尘满面。

毛泽东

17 先知己而自明,后知彼而事成

自知之明是指认识与承认自己的实际能力。自知,就是要全面如实地了解自己,认知自己。常言道"人贵有自知之明",把人的自知称之为"贵",可见自知是多么的不容易;把自知称之为"明",又可见自知是何等的智慧。人若是自知不明,就好似"目不见睫"之状,虽然百步之外景物皆可看清,却唯独瞧不见自己的眼睫毛。

抛砖引玉:你本身具有多少长处,你实际也就具有多大的能力。若是能够通过实践不断提高与发挥自身优点,你必将日臻完美。如果你去行事,结果未获成功,那么就应仔细检查是否充分利用了自身那些优点。

不自量力是自知之明的反意行为,而不自量力的最大错处就在于缺少或没有自知之明的态度和修养。不自量力的行为举止,有时也是十分可笑与十分可悲的。

有头狮子在早上醒来后，其自我感觉简直是好极了，只见它伸伸懒腰，蹬蹬腿，摇头摆尾，感到力量和骄傲充满了自己的身心。于是，它便开始在丛林里来回地游荡。

走着走着，它遇见只兔子，便向战战兢兢、浑身发抖的兔子吼道："小子你说说看，谁是这丛林之王？"兔子立马毕恭毕敬地说："那当然是您了！我尊敬的狮子大王。"

随后它又遇见只猴子，便抬头向藏躲在树枝树叶后探头探脑的猴子吼道："猴子你说，谁是这丛林之王？"猴子立刻就用颤抖的声音说："那自然是您了！我尊敬的狮子大王。"

接下来它相继遇到狐狸、狼、野猪、鹿等，并且在它的吼叫声中，都得到了同样的回答……

再后来它又遇到只大象，狮子此刻正沉浸在因兔子与猴子等那百般奉承的万分得意之中，处在自我欲望极度膨胀的状态，于是便失去自知之明与审时度势的眼力，居然朝着大象吼道："喂，你这个蠢笨的家伙，你说谁是这丛林之王？"那大象根本就没有理会狮子的疯狂，仅是用自己长而有力的鼻子卷起狮子，在大树的树干上来回摔打了十几下，然后把已瘫作烂泥的狮子扔在地上，再用巨大的脚掌几乎把它踏成张狮毛地毯。

待大象扬长而去后，灰头土脸的狮子这才跳将起来对着大象远去的背影，大声吼叫着："虽然你愚蠢得不知道真实答案，可也用不着这般的恼羞成怒。"可悲可叹的是，狮子已落到如此地步了，居然还没找回自知之明的影子。

指点迷津：造物主对世间的安排是刻意的，各自存有不同，且是一物降一物。狮子因为自身具有些长处，便助长目空一切的傲慢神态，它在那些弱小动物面前炫耀自己的威风，称王称霸，不可一世。可是当真正遇到了强劲对手，便通过浑身的骨痛得知，还真有比它更为强大者，只不过此刻它还是没有自知之明的态度，对着远去的劲敌做做样子勉强抖擞着已是败落者的威风。你平时是处在"狮子"般的地位，还是处在"兔子、猴子"般的地位？不论你是处在哪个地位，都必须对自己的实际能力有个准确无误的评估，这是你做好任何工作的基本点与出发点。如果某个人在某方面表现特别突出，诸如记忆、写作、经营、管理等，久而久之就会产生很有趣的反应：这些优点会被人们视为理所当然，虽然个人对其可能居位自傲，但人们却对其逐渐淡定看之了。这也恰恰表明优点是具有时效性的，通俗地说，优点是处在变化中的，且变好与变坏的因素同时存在着，人们对此应持自知之明的态度。如果你真的想让自己更加优秀与成功，就不必在自我优点上浪费太多时间与精力，而是应该努力将自身缺点转变成更多的优点。因为，知不足才会获取向前努力的方向和动力。不管你能力是强也好是弱也罢，必须要在实际中实事求是找到自己的位置，恰如其分发挥自己的作用。这样做既不会把自身的半斤八两，看作是成斤之重去肆意张扬；也不会把自身的半斤八两，当作是足两之轻去无端忽视。记住，能否找准自身位置与发挥自身作用，完全取决于你能否做到自知之明。

抛砖引玉：获得胜利时就居功自傲，取得成功时就自喻完美无缺，名望较高便目中无人，这都是缺乏自知之明的典型表现。殊不知：自满必溢，自傲必危。当流星在星空炫耀其灿烂的光亮时，也就同时结束了自身的一切。对此正确的做法实际古人早有论述：三人行，必有我师焉；知人者智，自知者明。

人贵有自知之明。凡自傲自以为是者，其实不识；凡自傲自以为明者，其实不明。当人们深陷自我陶醉而难以自拔时，有时甚至要比公开去向强者挑战更加危险。

有位监察御史文笔不行，却偏是非常爱好写文章，常把自己的文章拿给人看，遇到人家讨好奉承他两句，便会拿出很多钱来大宴作谢。

监察御史的夫人见到此状相劝道："官人其实并非擅长文笔，那些文章并非是佳品之作，那些同事奉承于你无非是拿你开心或讨好于你罢了。"

这位监察御史在夫人指点下，开始认真地思考这个问题。他在回顾中察觉到那些夸自己文章极有才华的人，大多都是有求于本人者，而且所求之事越是难办，其褒奖的劲头就越是十足，可以看出醉翁之意不在酒呀。而那些常在酒桌上吹捧自己的人，当几两酒下肚之后，甚至于斗胆以自己去跟皇上做比较，纯粹是酒后的胡言乱语。他越想越后悔，越想越后怕。于是，从此就不再拿自己的文章给人传看了，且还将他人那些好文章收集来细细品读，从中寻找自己的差距与不足，不管别人怎么夸自己，他再也不肯出钱宴请那些嘴馋的吹捧者了。

指点迷津：监察御史本无精湛超人的嗜好，但被那些奉承者说得天花乱坠后，以为真的就是文章天下第一了。当他夫人及时给他提醒后，他这才觉悟到这般自吹自擂存有很大风险，于是就收敛了这种缺少自知之明的嗜好。当你在受到他人夸奖时，心情肯定是高兴的，这是人之常情。但是，在高兴之余也要提醒自己：我也许没有他们所说的这般好，我还有很多的不足，他们鼓励我是希望我做得更好，不要自足因为兴许有人做得比我更好些。这就是说，对于自身长处要采取自知之明的正确态度来对待。人们都是具有潜力的，你必须对自己有自知之明，既不过高估计自己实力，也非过低看待自己能力。在你的日常生活当中，也许会犯许多人共同存在的致命错误：总是在诅咒自己如何遭遇强劲对手，总是在埋怨自己遇到很多艰难困阻。其实，你本应该为有如此种种的境遇而庆幸，因为正是因为这般艰辛的存在，你才可能会有更多脱颖而出的良机。不要再去为身后有追你的"狼"而报怨，你所需要做的是快速地向前奔跑。你只有真正了解自己的长处与短处，才能够做到避己所短而扬己所长，才能对自己的人生坐标准确定位，从而全面体现自己的人生价值。每当你能清醒地认识到自身存在的不足时，也就正是又一次进步的开始。

抛砖引玉：在《伊索寓言》中有段故事这样讲到，有只傲慢无比的苍蝇恰好落在疾速奔驰战车的车轴之上，于是便洋洋得意地喊道：快瞧，我扬起了多少的尘土啊！不过这只可怜的苍蝇不多久便被飞扬的尘土所埋没了。

有位自恃高明且有些自命不凡的律师，受到某铁路公司的委托，去跟某个牧场的老场主打官司。

事情是这样的：老场主的一头获奖公牛，因火车驶经牧场且长时间鸣笛时受到惊吓跑丢了，于是老场主据此提出了吓人的高价进行索赔诉讼。按照本地所制定的法律程序，在法庭受理本案前希望涉案双方能私下进行调解解决。于是，双方便约定到某家杂货店后室中，坐下来平心静气地展开磋商。

那律师先是用一番狡黠的谈吐，又是打压恐吓，又是委婉相劝，断言要是上法庭原告定输无疑。老场主好像是被对方弄懵了，也就答应了庭外解决。然后，他也使出做生意的浑身解数讨价还价，最后还承诺如对方按索赔金额一半赔偿，他就即刻撤诉。听到老场主这番话，律师强压着满怀兴奋之情，故作不满及遗憾的神情对老场主说："你的要求太过分了，虽然对方勉强接受你的承诺，但是对你如此做法实在是不理解和不满意。"

当老场主在调解书上签上字并拿到支票后，律师在为他的又一次成功自命不凡，其沾沾自喜之态再也无法掩饰，就对老场主说："你真是没见过世面的乡巴佬，老实说跟我对垒的人从没有赢家。这次我又略施小计，你不就束手就擒了。实际这个诉讼要是开庭我方非输不可，因为至今我方也没找到任何有利于己的证人。但是，我仅凭借几句话连哄带骗的便迫使你同意调解了，这样你仅得到了一半的赔偿金。"

谁知老场主听其言后，并未气愤反倒是非常开心地说："是这样吗？我告诉你年轻人，我并非是听了你的那些狡辩和那些威慑才甘愿撤诉的。原本我就没有担心过开庭后我会输。之所以同意撤诉，皆是因为今天早上那头公牛已自己回家了。所以，这一半的赔偿金是为牛受到惊吓而付出的。"

指点迷津：自作聪明的律师，由于过于自负所以轻视了自己的对手，以为凭借自己三寸不烂之舌和借用所谓的法律漏洞，就足以打赢这场官司。所以他把主要精力放在威逼利诱准备之上，忽视了深入现场调查，充分掌握有利于己方的证据这样关键的准备。老场主借用律师的盲目自傲，轻易地就达到了自己的目的，拿到数目不薄的赔偿金，真正赢得了这场官司。你可能知道"聪明反为聪明误"的说法，但是否想过这是为什么呢？难道聪明不好吗？其实，答案是非常明确的，就是没有自知之明的态度，这种聪明兴许就会是盲目的，就如同律师这般的聪明，最终带来了怎样的结果呢。你要真正了解自我能力与聪明，就必须换个角度看自己。首先，要善于明察自己，如同照镜子般的客观审视自己，跳出自我去观察自身，不但看正面，也要看反面；不但看到自身亮点，更要觉察自身瑕疵，对自己的学识能力、人格品质等进行自我评判，切忌孤芳自赏、妄自尊大。其次，要能不断完善自我，对于不足之处加以肯定，且有则改之，无则加勉。你必须学会随时地提醒自我：天外有天，人外有人；尺有所短，寸有所长。这样一来，就可以做到自知之明了。

抛砖引玉：做了错事又怕见人，找个理由把事情遮掩起来，或者找个借口嫁祸于他方，这表明其实你已经知道做错事了。既然如此，还真不如勇敢地去承认错误，因为这样做才不至于让类似的错误再度出现。

刚到法国不久，便被应邀去朋友家做客，我对这次登门拜访很感兴趣，因为这样可以近距离地了解异国朋友们的生活。

大家聚在一起在吃饭时，朋友那8岁的孩子用块面包去逗小狗，小狗则跳起来吃面包，结果撞翻了孩子手中拿着的餐盘，盘子掉在地面被摔成了几块碎片。

于是，男孩儿便抬头对父母说："你们都看见了，是小狗打碎了这盘子，这绝不是我的错。"母亲看着男孩儿说："这盘子确实是小狗撞翻的，可是你就真的没有任何过错吗？"男孩儿听见妈妈的责问后，兴许是感到很委屈便大叫起来："是小狗的错，不是我的错。"

在旁边一直观看着的父亲这时开口了，他并没有直接严厉批评，而是让男孩儿暂时离开餐桌，回到他自己的房间里去，并让他好好想想自己到底有没有错。

几分钟后，那男孩儿走出房间面带愧色地说："小狗有错，我也有错，我不该在吃饭的时候去逗狗，这是你们曾多次对我说过的。"

孩子的父亲这时笑了："那么，今天你就该为自己的错误承担责任，去帮助收拾餐桌清洗餐具，并拿出自己的零用钱赔偿被打碎的盘子。"男孩儿点头同意了，因为他又一次学会了如何去正确对待自己的错误。

指点迷津：狗和小孩儿共同犯了错误，可是小孩却企图以狗的错来遮掩自己的错，严格的家长意识到这个问题的严重性，于是让孩子自己重新去认识这个问题。可喜的是，这孩子意识到自己的确是犯了错，并当面向父母承认了自己的错误。通过这件事，他更加明白必须随时保持自知之明的态度，这样才不至于在犯错时因固执己见而一错再错。有时对于自身的不足若是一味迁就与放任，虽然从整体上看暂时不会产生大的影响，或者在大的方面根本就无大碍，但是只要它们存在并没有被克服掉，那么在内心世界的边角处总会存在不干净的地方。此时，难免又会向你提及"千里之堤，溃于蚁穴"的道理，你难道能肯定地保证自己绝不可能出现任何差错吗？在实际学习与工作中，可能会出现几个人同时出错的情景。这时不论你在其中承担着什么责任，都首先要对自己的错误进行自我剖析，要敢于对自己的错误承担责任，这样才会在今后遇到诸如此类的问题时，保证你不会再轻易地出错。你是否意识到人们有个很奇特的习惯，即对自身的成绩总是记忆犹新，对自身的过失总是说忘就忘。因为，成绩能为己争来面子，能得到人们另眼相看，能为自身铺展成功之路。而失误非但做不到这些，相反会产生很大的负面作用。这种意识，当然不是自知之明的，那么当然也是不会给你带来任何益处的，所以说这个习惯根本就不是个好的及有益的习惯。另外，不要养成遇事总喜欢推卸责任的习性，如果你总是不能正确对待自己的错误，就会逐渐失去领导的信任，失去同事的帮助，失去朋友的情谊，终将变成孤家寡人，寸步难行。

成功秘籍

获得胜利时就居功自傲，取得成功时就自喻完美无缺，名望较高便目中无人，这都是缺乏自知之明的典型表现。殊不知：自满必溢，自傲必危。当流星在星空炫耀灿烂光亮时，也就同时结束了自身一切。对之正确的做法古人早有论述：三人行，必有我师焉；知人者智，自知者明。你本身具有多少长处，你实际也就具有多大的能力。若是能够通过实践不断提高与发挥自身优点，你必将日臻完美。如果你去行事，结果未获成功，那么就应仔细检查是否充分利用了自身那些优点。

做了错事又怕见人，找个理由把事情遮掩起来，或者嫁祸于他方，这表明其实你已经知道做错事了。既然如此，真不如勇敢地承认错误，因为这样做才不至于类似错误再度出现。人生有很多环节与时段需要寻找建立平衡点，以平衡的心态和境界去涉世处事，不至于使人生出现左右摇摆、徘徊不前、马失前蹄的局面。而自知之明，就正是建立这个关键平衡点的决定性因素。经过自知之明的反思之后，可以促使人们产生紧迫感和危机感，并由此获得继续积极进取的动力，使得人们的素质和能力得以空前的提升。

　　人既各有所长，也会各有所短。看不见自己的短处者，则很容易引发骄傲情绪；看不见自己的长处者，则很容易引生自卑感。而骄傲和自卑，均是人们成功路上的两只凶猛的拦路虎。"满招损，谦受益"，这是古人留给后人的训诫。具有谦虚之风者，虚心好学，从不自满，终将成大事。所以，从古到今，谦虚习俗被世代仁人志士们所虔诚地遵行。谦虚不仅仅是种姿态与风格，更是种精神和修养，它需要人们做到勇于剖析自我，有自知之明，虚怀若谷，善于吸取他人之长。

每一个人要有做一代豪杰的雄心壮志！应当做个开创一代的人。

周恩来

18 困境磨炼胆量，无畏指引成功

胆识是指人们在接人待物、面对矛盾、濒临危险时，内心所持有或固有的那种大无畏的胆量和气魄，既是人们心理素质的体现，也是人们性格的体现。人的胆识并不是先天就有的，而是人们在实践过程中，逐步磨炼而形成的。胆识不仅是怕与不怕、敢与不敢的性格表象，更是能否具备遇事眼界开阔，善择优势，善断事物的能力所必备的先决条件。

抛砖引玉：只有心想，方才会有事成。假如某人具有相当的胆识，那么其"心想"就可能带有十分浓厚的异想天开，前所未有的色彩，然后通过他的不懈努力便会获得奇特创新，前所未有的成功。

刚满 19 岁的美国青年戴尔，靠着卖电脑的配件，竟然赚到了 1000 美元，这时他还是个在校读书的学生。戴尔是个很有胆识的青年，自幼开始就对身边事物表现出独立的见解，虽然仅是凭兴趣而做事情，

但为自身的发展奠定了良好的先决条件，使得他其后能够以独特的胆识与能力，为自己创造并赢得很好的发展机会。

面对人生所挣到的第一笔钱，戴尔在日记中这样写道：我可以用这1000美元去实现自己的愿望：A.搞次不为世人所知的酒会；B.买辆二手福特汽车；C.成立电脑销售公司。

第二天，戴尔真的就去用这1000美元注册了电脑销售公司，并随之开始代销IBM的电脑。一年之后，戴尔在完成原始资本积累后，便及时地挤进组装电脑的行业与市场，并成功地推出了自己的产品品牌。随着收入的数倍猛增，赚到很多钱的戴尔并不像一般人那样，对使他迅速致富的电脑组装就心满意足了，而是把眼光又紧紧盯在更大的市场上：电脑的整个配件市场。

尽管当时人们还看不清电脑市场的发展潜力，尽管扩大市场领域存在不小的风险，但是戴尔却非常敏感地觉察到这个市场的广阔发展前景，于是就非常果断地决定把主要精力放在对电脑配件和软件的开发上。由于他们所组装的电脑可以采纳世界上各家电脑公司的配件，使得各种档次的用户都能满足消费需求，所以戴尔电脑公司很快成为深受市场追捧的热销品牌。如今，戴尔电脑销售额已居全球第二，所获利润居全球第一位。

有时，我们手中兴许并不缺少1000美元，缺少的只是创业的胆识。人们自身存在的不足和缺陷，会随着时间的推移得以改变，唯独创业的胆识和机遇，不是靠等待而是靠自己去及时把握。浩瀚商海中大部分成功人士，有很多都是在他人认为"那简直是白日做梦"的情况下，依靠自己超人的胆识，勇敢地迈出创业的第一步，抓住发展机会并由此获得成功的。

指点迷津：像电脑奇才戴尔等，他们的胆识是他们得以成功的法宝。假如他们不能非常敏锐和果断地闯进电脑行业与市场，不能及时丢弃赚钱的狭窄观念，只图眼前获利而无视市场的发展前景，那么他们就不可能获得今天全球公司这般的巨大成功。他们之所以能够做到这些，就在于他们具有超人的胆识。你看人生就是这样，当你以十分豁达、乐观向上、无所畏惧的胆识去构筑自身的未来时，眼前就会呈现一片光明。相反，当你将自己的思维困在谨小慎微、悲情伤感、苦闷寡欢的樊笼里，未来就会变得举步维艰、暗淡无光了。长此这样下去，你不仅会泯灭了人生最起码的信念和拼搏的勇气，还会失去身边那些最近的、最真的欢乐。所以，你要寻取成功的秘诀和人生的快乐，就努力做个有胆识的无畏者吧。

抛砖引玉：在正确认知自己与认定人生奋斗目标时，也是需要具备胆识的。若是你具有非凡胆识，那么必定会最大限度参照自身特点与能力，去设定最适宜、最符合发挥自身特长的非同一般的目标。

古希腊的大哲学家苏格拉底在临终前，有个不小的遗憾：他那个多年来跟在自己身边的得力助手，居然在半年多的时间里没能按自己的意思寻找到中意的接班人。

这件事情是这样的：苏格拉底在风烛残年之际，当知道自己时日不多时，就想再次地考验和深入点化他那平时看来很不错的助手，以便他能在自己离开人世后，继承他所未完成的事业和追求。于是，就把助手叫到床前，带着满怀希望的神情对他说："看来我生命之烛所剩已不多了，如今得要寻找另一根来接着点下去，你明白我的意思吗？"

那位助手难过地看着自己的老师赶紧说："明白，您的思想光辉是得很好地继续传承下去的……"

苏格拉底慢悠悠地说："可是，我需要最优秀的人来做我的传承者，他不但要具有相当高的智慧，还必须具有坚定的信心和非凡的胆识……这样的人选到目前我还未见到，你要全力去帮我寻找和挖掘这样的优秀人才，好吗？"

助手很温顺也很尊重地说："好的，您请放心。我定会竭尽全力地去寻找，绝不辜负老师对我的信任与教诲。"

苏格拉底笑了笑，没再说什么。

这位勤奋而忠诚的助手，开始不辞辛劳地通过各种渠道四处寻找着合适的对象。可是他领来一位又一位人才，总是被苏格拉底借故一一婉言谢绝了。有次，当助手再次无功而退地来到苏格拉底病榻前时，已是病入膏肓的苏格拉底硬撑着身子坐起来，抚着那位助手的肩膀说："真是辛苦你了。不过，你找来的那些人，其实都不如你……"

助手面带愧色且言辞恳切地说："老师，我定会更加倍努力，即使是找遍城乡各地及五湖四海，也要把最优秀的人选挖掘出来，并及时举荐给您。"

苏格拉底又是笑笑，不再说话。

半年之后，苏格拉底眼看就要告别人世了，但是那个最优秀的接班人选还是没有任何眉目。那位助手非常地惭愧，泪流满面地坐在病榻边，语气异常沉重地说："老师，我真的非常对不起您，让您再次地失望了！"

苏格拉底带着很沉重的表情说："是的，我是很失望，但对不起人的是你。"说完很失意地闭上眼睛，停顿了很久才又很是哀怨地说："本来，这位最优秀的人选其实非你莫属，但兴许是你缺少那般自我认识的胆识与魄力，不敢轻易地相信自己的为人和能力，这才把自己给忽视，给耽误，给丢失了……"

当话还没说完说透，这个杰出的哲学家便永远离开了他曾深切关注与深切思考的世界。

指点迷津：身为苏格拉底的助手，想必也绝非是等闲之辈。他在接受老师的嘱托后，在茫茫人海中苦苦觅求，虽得到的均是老师不满意的结果，但他并未对此回心转意，并未多往自己身上去想想看。最终老师不得不失望地告诉他，由于缺少认知自我的胆识，他真的是丢失了自己。你对自我是怎样看待的，不会是类同于这位助手吧。其实，你也会有自身最优秀的一面。你与他人之间的差别有多大，这并不影响你自己所具有的特点与能力，也就是说他是他人，你就是你自己，他人的存在不能决定你的存在。你要发挥个人的能力，就必须正确地去认识自己，并且要大胆地发掘和重用自我。当你将个人的能力全部呈现在众人面前时，你的胆识与此同时也就得到了最真实的检验。

抛砖引玉：对行走在人生之旅的人来说，那些如空气般围绕在身边的人生欢乐才是最重要的，因为它也可看作是胆识与无畏的潜台词，它是生命之链上的真实可靠的环节，假如它们被你节节地失落了，那么欢乐还将会延续下去吗？

生命之花在暴风骤雨中盛开，才会显得格外娇媚；流逝的时光经风霜磨难的雕琢，才会留下深刻的记忆。是欢欣地度过每一天，还是愁苦地挨过每一天，这是鉴别你是否能以足够的胆识，去坦然面对人生的分水岭。

有个人想去改行学医，可是又总是为之犹豫不决。于是，就前去请教他那个异常聪明且又十分有远见的朋友："再过 4 年我就 44 岁了，这时节再去重新学医你认为能行吗？"

这位朋友则对他说："怎么就不行呢？你目前所需要做的不应是为年龄问题而犯愁，而是要仔细想想如何不断丰富自己的人生。即便你不是去学医，再过 4 年不也照样还是 44 岁吗？"听到朋友这样的提醒和开导，他似乎瞬间就领悟了，于是第二天非常果断地去报了名。

有位商人，跟几个人合伙做远洋货运生意，结果在一次运货途中突然遭遇大风浪的袭击，船被打翻了。于是，他们所有的财产和梦想也随之坠入了深深的海底。他由于经不起这个意外的严重打击，从此变得萎靡不振，神思恍惚。后来，当他又遇到当时的某个合伙人时，却看见对方居然活得有滋有味，与自己简直是存有天壤之别，于是他就前去探知其中的原委。那人是这样对他说的："遭遇失败不可怕，可怕的是因此丢失了自我。如果你咒骂，你伤心，你执意畏缩，烦恼与忧愁就会天天纠缠在你身边；如果你自励，你快乐，你无畏奋起，希望与快乐就会天天陪伴在你身边。那么，你认为自己应该选择哪一种好呢？"在与对方问答的同时，他不由得对那人如此的胆识肃然起敬。

胆识就像是部会修道造路的机器，它能使得人生之路，在你脚下不断延伸向远方。

指点迷津：成年后想再学习者和遭受挫折的经商者，他们各自有着自己的烦恼，于是均在困扰自己的问题面前久久徘徊不前，难于找到及时解脱自我的出路。当他们得到他人启示后，这才明白原来自己的烦恼与犹豫皆是起因于自身胆识的缺陷，这使得他们根本就看不到面前其实还有很多出路与很多机会。不是吗，扩展自身能力是不受年龄所约束的；寻求新的发展也不会因曾经失败而被否定。你肯定也知道，那种"怕被树叶砸脑袋的人"是没有任何指望的。想想看，当你实际遇到这类情况时，是否能够无视"头顶的树叶"，持有无畏与积极的心态去做该做的事呢？比如，你自己总结出一套好的学习或工作方法，很想与大家共同分享，可是又怕别人因此说三道四的，所以信心不足只得将其暂时搁置起来。再比如，你看好了某件事想去做，可是还缺少些条件，于是就犹豫不定起来，就在你为此思前想后之时，有和你同等条件的人却在你之前将其完成了，且你和他之间的差别仅是他比你更胆大。

成功秘籍

在你的全部生命之旅中，前方的道路是平坦，还是崎岖；是美满幸运，还是灾难重重；是障碍陡起，还是一路平顺；是迷失方向，还是路转峰回，所有这些突如其来、措手不及、随时发生、无法预防的状况、变化，都具有很大的不可预知性。

只有心想，方才会有事成。假如其人具有相当的胆识，那么其"心想"就可能带有十分浓厚的异想天开，以及前所未有的色彩，然后通过他的不懈努力便会获得奇特创新、前所未有的成功。

人们应该力争使自己成为有胆识者，抓住所遇到的每个困难、矛盾甚至绝境的时机，经受磨难，加紧历练，增进自身某些略显不足的能力。因为这个世界上能准确认定未来者，几乎是不存在的。所以，你不要总把自己的眼光放在路途艰难的诸多方面，而是如同勇者那样以自己的胆识去积极寻求那更好的出路。但千万别把"胆向怒中生"甚至是"邪念生胆"等误以为是胆识，因为它不可能引导人们抉择正确认识和正确导向。

有些人虽不幸看不到这个世界的任何景物，但是在他们的心中却存在一个活生生的世界景象，幸福和危难在他们眼前是同样的黑暗，只是内心感觉在为他们分辨出孰好孰坏。他们如是胆识超群，那么其作为并不一定亚于正常人。

在正确认知自己与认定人生奋斗目标时，也是需要具备胆识的。若是你具有非凡的胆识，那么就必定会最大限度地参照自身特点与能力，去设定最适宜发挥自身特长的非同一般的目标。对行走在人生之旅的人来说，那些如空气般围绕在身边的人生欢乐才是最重要的，因为它也可被看作是胆识与无畏的潜台词，它是生命之链上的真实可靠的环节，试想假如它们被你节节地失落了，那么你身边的那些欢乐还将延续下去吗？

学会忍耐，就是学会不做蠢事，就是学会不做那些一时痛快，后来又终身懊悔不已的事。

汪国真

19 **广纳非议大度超然,少计亏盈宽容为本**

宽容是指人们以大度宽厚的姿态与心胸,来对待身边所发生的各类涉及团体与个人利益,或者损害团体与个人利益的有害行为及错误事件,采取宽恕容人的态度对其不予追究,或采取大度为怀的心态对其加以谅解。

抛砖引玉: 宽容的善解人意会释放温暖的能量,能够让人们深深感到在任何情况下都不会是孤立独行的,在任何时刻都会有人在你需要的时候及时站出来给予鼓励和相助。

这是母亲讲给儿子的故事。

早些年,母亲有次去商店购物,走在她前面的年轻妇女推开商店那扇沉重的大门后,便一直等到她也跟随进去这才松了手。当母亲向她道谢时,那位年轻妇女却摇着手对母亲说:"这不值得您谢,我的妈妈也和你年纪差不多,我多么希望她在外出遇到这种情形时,也有人能主动地为她打开门。"

听了母亲的这番叙述之后，儿子在心里体会并记取了由宽容所带给他人的那般温暖的情谊。

这是儿子自身所经历的故事。

多年之后，儿子有次因患病去医院输液。当时，是位很年轻的小护士来为儿子输液，她神情看上去似乎有些紧张，接连扎了两针也没有扎进血管里，眼见着针眼处泛起了青包。儿子感到有些疼痛难忍，原本想着对她抱怨几句，可是一抬头却先看见小护士额头上已布满了密密的汗珠，那一刻他忽然想起了母亲所讲给他的那个故事。

于是，他就改口安慰小护士说："不要紧，也许是我的血管较细不太好扎进去，你别紧张，再来试一次！"小护士很感激地抬头看了儿子一眼，深深吸口气聚精会神地开始再次尝试。结果，第三针下去就成功了。他们二人同时松了口气。小护士此时连声说："真是太谢谢你了！我是前来实习的，这是我第一次给患者扎针，也许是太紧张了所以才会这样，要不是你的及时鼓励，我真不敢再给你扎了。"儿子则很轻松地对她说："我也有个和你差不多大的女儿，也正在医科大学里读书，她也将和你一样会面对第一个患者，我真希望她的第一次扎针也能得到患者们非常仁慈的宽容和鼓励。"

指点迷津：儿子从母亲那里听到和学到了宽容待人的教诲，然后将其在小护士身上加以具体的体现。这就像是交传接力棒那样，使得宽容之心得以在更多人的身边出现。如果人们在生活中多些将心比心的宽容之情，就会对老年人带着一份尊重，对孩子怀有一份关爱，对弱者产生一份同情，使人与人之间更多些忍让与理解，更少些计较与猜疑。那么，这样的社会便是和谐的与充满快乐的。你应该知道人生本就是矛盾发生、发展、化解并反复循环的运动过程，这其中会有很多不顺心如意的事情发生，且这样的事情毕生都会存在，无可避免。那么，你若不能对其宽容对待，将会活得很累、很烦、很痛苦。所以，对有些事情和矛盾，不一定非要去针锋相对，有时适当地忍一忍、让一让，看上去似乎是吃了一些亏，但这样做却可让你从容地及时从中抽身而出，可以为你免除更大的损失和痛苦，可以为你换来一份好心情。如若是这样，那又何乐而不为呢？另外，你绝对不要做任意欺凌与作践他人的事情，哪怕这个人是非常可笑、非常卑劣的人。只要是生活在人群之中，你就必须具备足够的宽容能力，由此而免除世事间那些层出不穷的矛盾和争执。有时，家长、老师及上司当着众人的面直接批评了你，这会让你当众出丑并伤及你的面子，你可能也会对此愤愤不平。其实，你的委屈多半是由于自尊心过强所引起的。而对于自尊心错误的表达，则会大大减弱你的宽容能力，失去了宽容的心态，当然就很容易钻牛角尖，甚至会错将他人的好意理解为对自我的不尊重，辜负了他人对你的一番好意。

抛砖引玉：假如人们发现有人对自己存有损害行为，就会立刻加以严厉指责及奋起讨伐；可是人们一旦自己也做了同样有损于他人的行为后，那又将会是怎么样的情形呢？如果人们彼此间缺少宽容的心态，那这种互相的践踏与毁伤便会无休止地进行下去。

树上落了只嘴里叼着食物的乌鸦，于是其他乌鸦便紧紧跟在这只富足的占有者身后，成群地飞将过来。它们全都就近落下，一声不响，一动不动，眼睛始终都紧盯着那食物。那只嘴里叼着食物的乌鸦，此刻已经是很累了，它在很吃力地喘息着。同时它也在想自己不可能一下就把这么大块食物吞下肚。而且现在它也不能飞到地面，在地上把这些食物细嚼慢咽地吃掉。因为那些虎视眈眈的乌鸦们会在此之刻猛扑过去，于是一场争夺食物的混战就要开始了。所以，它只好停在那里，极力保卫着嘴巴里的那块食物。

也许是紧叼着食物引起了呼吸困难，也许是之前它被众乌鸦追赶过紧，它已被折腾得精疲力竭了。只见它身体摇晃了一下，突然失落了那块叼在嘴里的食物。于是，瞬间所有的乌鸦都猛扑上去，在这场争夺食物的混战中，有只非常机灵的乌鸦抢到了那块食物，便立刻展翅飞去。

结果这第二只乌鸦也像第一只乌鸦那样，被其他乌鸦追得筋疲力尽，也是落到树上拼命喘息，并最终也是失落了那块食物。于是，又是一场争夺混战，其后所有的乌鸦又去追赶那新产生的幸运儿……

请想想看，叼着食物的乌鸦的处境该有多么可怕，而引起这种局面的真正原因是：缺少宽容的心态，眼中只看到了它自身。

指点迷津：乌鸦们的追逐与争斗，皆是起因于嘴边的利益。只要是那块食物还被某只乌鸦抢到嘴边，那么它们便会继续无休止地争抢下去，直到有谁能将其囫囵吞下，那么才会出现暂时的安静。当然，只要再次出现有乌鸦叼食飞来，顷刻间这样的纷争也就会再次开始。可悲的是，乌鸦的这种举动，在人们身边有时也是会出现的，且争抢的激烈程度会有过之而无不及。你有时可能会因为某些小摩擦和纠纷，与身边的人赌气争执，甚至于可能还会给人"穿小鞋"与制造麻烦，总之心里的这口气不出就不罢休。有幸的是，还有很多人懂得以宽容来对待与处理这样的竞争，所以才不至于天天看到类似乌鸦抢食的那种尴尬场面。在你的学习、工作中，类似这样的事情会有很多。只要有差别存在，就会有矛盾产生，就会引起争执。这样的争利既属于本能之举，也属于自私之举，还属于狭隘之举，有时你会不知不觉地就参与进去，且还会认为如此表现是相当合理合法的与相当理直气壮的，就如同乌鸦抢食那般。这些不好的做法，均是因为缺少了宽容之心的缘故。你对此必须有所觉悟，有所戒备，这样才不至于使自己多走弯路。

成功秘籍

　　宽容者的善解人意会释放温暖的能量，让人们深深感到在任何情况下都不会是孤立独行的，在任何时刻都会有人在你需要的时刻及时站出来给予鼓励和相助。除去性格、机遇、处境、身份、地位等差别外，往骨子里讲人性都是相似的。实际上人性中常夹杂着善与恶、崇高与卑鄙、伟大与渺小等截然不同的成分，并且人与人彼此间都是如此的。假如人们懂得采取宽容的心态来对待这些不同表现，自然就会减少很多愚蠢的念头和不该有的相互误解。

　　人们对于自我过错的审视，常会不如看待别人所犯的错误那般严厉；人们对于他人错误会横加指责抓住不放，但是对于自我的错误却总是避重就轻得过且过。这是因为，很少有人能用同样的"天平"去衡量自己和他人。如果有人真是能够宽容地做到这些，那么无疑他们定是具备了崇高的品质，达到了忘我境界。

　　如果人们能把个人日常生活的每个举动及脑海中的每个闪念都真实记录下来，当其中那些自私与狭隘的部分被公开时，也许连你也会难于相信这就是我自己。当经历了这样的自我剖析后，人们对他人的宽容便可能会做到如同宽容自己那般的及时与自然。假如人们发现有人对自己存有损害行为，就会立刻加以严厉指责及奋起讨伐；可是人们一旦自身也做了同样有损于他人的行为后，那又将会是怎么样的情形呢？

　　人们彼此间若是缺少宽容的心态，那么那种互相的毁伤与践踏便会无休止地进行下去。宽容所具有的含蓄和忍耐，既出自于理智和明智的素养，也来自于超然和大度的涵养。所以，这便使得人们足以将那些狭隘之见、门第之见、短浅之见等都抛于脑后，并及时化解与免除由它们所带来的种种不良影响。有些人总是喜欢以十分高傲与十分清高的态度来充装门面，原以为这样会弥补自身的严重短缺与不足。殊不知正是因为如此，才会让人们更加深刻地意识到，这些人的内涵与外表相差太大，看上去是显得何等的可笑与愚昧。

人们如果对于那些非故意的、非恶意的、非敌对的无辜侵犯者，不能采取宽容的态度，那么不但事态得不到应有缓解，而且事情的性质说不定还会因为气氛紧张和矛盾升级而出现根本性的逆转，致使两败俱伤的悲剧再次出现。有些人毕生都是生活在愤怒与痛苦的阴影下，虽心灵上饱受折磨但又不能及时自拔。还有些人毕生怀有同情和宽容之心，始终保持良好的心境，自然也就会充分享受到平静而又自得其乐的生活情趣。

勇敢产生在斗争中，勇气是在每天对困难的顽强抵抗中养成的。我们青年的箴言就是勇敢、顽强、坚定，就是排除一切障碍。

（苏）奥斯特洛夫斯基

20 解困排难凭斗狠的底气，立居上游靠争先的欲望

勇气说到底，就是遇事敢作敢为。缺乏勇气的人，遇事总是在想，总是在说，却始终没有勇气去做，就仿佛熔岩在地层深处运动，但始终没有足够的力量去喷发。有胆识的人则相反，他们善于、敢于在一系列行动中，最大限度表现和发挥自我优势，去赢得主动权，以勇敢的行动开启成功之门。

抛砖引玉：人们做任何事情，事先都不可能保证会百分之百的成功。有时，成功者和失败者之间的区别，往往并非是因能力的大小，条件的好坏，而是在于是否有足够的勇气。例如，敢于肯定自己的判断能力、敢于进行适度的冒险、敢于果断地下决心并果敢采取行动等。

勇敢者之所以被重视、被重用、被推崇，是因为他们所具有的敢于面对风险的秉性和大无畏的精神。

古罗马有个皇帝，指派人暗中监视那些第二天就要被送上竞技场，

与那些猛兽空手搏斗的死刑犯们，观察他们在临死的前一夜都会有怎样的表现。如果在这些坐以待毙的犯人中发现有旁若无事、面不改色、蒙头呼呼大睡者，便会在第二天早晨偷偷地将他免罪释放，并把其训练培养成日后去带兵打仗的将士。

中国也有个皇帝，每次在接见新到任大臣时，总故意叫他们在外面久久等待，就好像忘了有这回事，迟迟不予理睬。并私下偷偷观察这些人对此的反应与表现，对于那些表情总悠然自得，毫不焦躁，保持端庄之容的大臣则刮目相看，信任有加，并委以重任。

有些很有经验的养鸟行家，在鸟市买鸟时总要故意惊吓那些笼中鸟，然后绝不会挑选那些稍微受到惊吓，就扑扇着翅膀，在笼中跳来跳去乱作一团的鸟。

上面三个事例所反映的，是人们怎样挑选和甄别勇敢者的事例。也许有人会认为，勇敢者天生就有较强的稳定性和忍耐力。但换个角度来想，如果人从小就经受专门的训练，鸟从小就在熙熙攘攘的人群里待着，是不是他们的勇气也会有较佳的表现呢？

美国总统约翰·肯尼迪的父亲，为让儿子增进胆识，多见世面，曾专程带着他飞往巴黎参加一个交际盛会。因为，他不仅要求自己的孩子有好的教养，懂得如何在社交场合去与人礼貌寒暄，更希望肯尼迪具有敢作敢当的魄力和风度，全面提升人品的格调！所以，有人说老肯尼迪是从孩子尚小时，就已经开始训练他日后能够成为总统的那般精神品质了。

日本有许多公司，在每年冬天来临时都会送员工们到寺庙里去接受戒律的考验。在受训期间，员工们要忍受没有暖炉的严寒，夜里不准躺着睡觉，坐禅时稍不专心会被戒板抽打背部，而且还不许因此喊痛。正因为经历了如此"严酷"的培训，员工们便培养与建树了勇敢的精神，他们能忍受常人所不能忍受的困难和险境，专注于做常人所不易专注做的事情，因而在国际商业舞台上常会有杰出的表现，成为最终的赢家。由此可见，后天的专门训练和经历也是非常重要的，也有助于培养人们的勇敢气概。

　　指点迷津：勇敢者那种大无畏的精神和气质，并非是天生就有的，绝大多数都是经过天长日久地在各种复杂困难环境的磨炼下形成的。由于勇敢者可以面对任何艰难困苦的环境，可以从容地去同极为危险的对手进行抗争，可以承担很大压力去完成难度极大的任务，所以他们不但受到人们的敬佩，同时也是被非常重视和非常重用的。培养勇敢意识和素质，其目的就是要提高整体实力，在激烈的竞争中获得优势地位。你生活的环境如何与你是否能养成勇敢精神与气质关系极大。现在许多家庭对孩子十分溺爱，关心的程度已到无所不及。这样，他们就不可能自己去面对很多的困难与挫折，凡遇事便总是先去依赖家长的帮助，久而久之这种情绪就会就把勇敢精神完全排斥于外，培养出既胆小又软弱的"乖乖猫"来。假如是这样，那么这部分人将来走上社会后，如果不经过专门的训练与锻炼，是不可能承担任何重大任务和发挥任何重要作用的，充其量也不过是打杂与跑腿的角色。你应该多找一些机会，或者多制造一些机会，去摔打和锻炼自己的勇气。比如，自己做了错事，就主动地承认错误，并找出发生错误的根源，及时予以纠正；遇到风险较大的事情，主动报名去参与，面临危险镇定自若，临危不惧，多去承担一些压力，等等，经过这样的实际较量，你就会逐步养成勇敢无畏的气质，为未来的成功争得更多的机会。

　　抛砖引玉：对人而言，不论男女老少每个人本身都具有潜在的勇敢气魄，当遇到困难挫折或受到凌辱压迫时，这种潜在本能便会产生巨大能量，并会促使人们奋起而进行不屈不挠的顽强抗争。但对此其实也是因人而异的，有的人可将其利用发挥得淋漓尽致，而有的人却畏缩胆怯终身也难见得雄起。

　　当初升的太阳在阴云背后时显时隐时，我所搭乘的航班从机场跑道上升空了。虽然天气不尽如人意，但是机上所有乘客都显得心情舒畅、精神饱满、充满活力。我则坐在后舱中，随意翻阅着报纸杂志打发这短暂且无聊的飞行旅行时间。

飞机起飞后不久，忽然左右地摇摆起来，机身上下颠簸比较大，很显然若不是遇到强气流干扰，就是飞机什么部位出现了故障。这时，包括我在内的许多有经验的乘客都互相看了看，有的还彼此会心地笑了笑，并没因此而显得惊慌失措。因为，大家以前都曾无数次遇到过此类的小麻烦，故而习以为常觉得没有必要去大惊小怪的。

可是，这种心照不宣的无所谓感觉并没持续多长时间，人们开始感到飞机突然在急剧下降，且是机身和机翼往一侧倾斜着向下空俯冲，尽管飞行员似乎在想尽办法使飞机停止下降，却不见有任何的作用，飞机仍旧持续快速地下降。这时，人们听到机务员用低沉的声言在向大家通告，他带着较严肃的语气说："各位尊敬的乘客，您所乘坐的这次班机遇到些麻烦，从目前情况看是飞机操纵系统出现些小故障，而且飞机的水压系统也似乎有些失灵，所以我们将返回起飞机场。因为飞机发生故障，我们不能保证飞机起落装置能否正常工作，所以机组人员将会指导大家做好迫降前的各项准备事项。"

上帝！这不是意味着大家有可能随飞机一起坠毁吗？

顿时，机上所有的乘客都惊呆了。开始，人们还不大相信自己的耳朵，但当众人都回过神来时有些人便开口大喊大叫，呼天抢地，机舱里顿时乱作一团。机组人员一边忙着安置人们在座位上坐好，一边尽力安慰着惊慌失措、歇斯底里的乘客们。而我此时则呆呆地看着窗外，心情显得异常沉重和沮丧。

当我环顾这乱哄哄的机舱时，那些同机上人们的变化让我大吃一惊，他们先前那种充满自信的面孔已经变得紧张苍白，饱满的精神也被极端惊恐的神色所取代，就连其中看上去最镇静的人的脸上，也同样是布满了忧虑不定的疑云。

此刻，我忽然被某种意念驱使着，想趁机寻找出个即使是身处绝境仍能始终凭着勇气保持镇定和沉着的人。就当我用眼光扫视人群时，有个非常平静的语调传入耳中，它不但语音舒缓，吐字清晰，显得那么的雅静温柔，又那么的爱意浓浓，而且也绝不会给人留下一丝一毫的战栗和紧张感。

我循声望去，这才看清是位母亲在轻轻对着自己的孩子说话。此刻，乱哄哄的机舱就仿佛与她们母女根本没有任何关联一样。母亲目不转睛地盯着女儿天使般的脸，小女孩儿则紧紧依偎着妈妈，专心致志地听着妈妈的讲述，就仿佛是在感觉母亲话语中所蕴藏的勇气和力量。此刻周围那些悲哀的哭泣与绝望的嚎叫声，似乎对她母女俩没有丝毫影响。

我不由得主动靠近了她们，并听清了她们的对话，母亲说："我是多么爱你啊！孩子，你知道我对你的爱早已超过一切。"

小女孩儿则肯定地说："我知道，亲爱的妈妈。"

母亲有些得意接着说："记住孩子，今后不论发生什么事情，我都永远爱你。我的爱将永远与你同在!"

然后母亲紧紧搂着女儿，并且把自己的身子压在女儿身上，系上安全带十分安静地等待着飞机迫降一刻的到来。

后来，飞机成功迫降，化险为夷，人们激烈地鼓着掌，互相激动地哭着、说着、笑着，这时恐惧和悲哀就像退潮的海水般，顿时就消失得无影无踪了。

对于这次经历，我的确获益匪浅。因为，我从中体会到了什么是真正的无畏，什么是真正的勇敢。那位临危不惧的母亲，沉着冷静，勇敢地面对灾难的形象，早已经深深印刻在我的心中，成为日后激励我鼓足勇气克服一切困难的最大动力。

指点迷津：飞机在飞行中出现故障，这是有可能发生空难的前期征兆。这时，所有乘客都将会面临严峻的生死考验。勇敢者与胆怯者此刻泾渭分明，前者不急不躁，镇定自如；后者坐卧不宁，惊慌失措。

这母女二人，兴许是飞机上最为孱弱的乘客，但她们的勇敢气质却显示出超强的力量。假如说可能存在死里逃生的机会的话，那么更多的可能是被那些勇敢者所获得，因为后者已瘫坐不起等待死亡，根本不可能再有什么作为了。你在遇到困难危险时，是如何去表现的？你若是个勇敢者，那么就会从两个方面出发去积极应对。其一是正确面对，不被眼前的危难状态所吓倒或所击退，而是泰然处之，给予蔑视，甚至于可以将其看作是新的发展机会。其二是积极应对，敢于从最困难与最危险的地方下手解决问题，即使暂时不能解决也绝不因此退缩与让步，即使因此而遭受再大痛苦和损失也绝不停止与其的抗争。如果你能够做到这些，无疑你就是人们心目中的勇敢者。

抛砖引玉：人有多种生活方式可供选择，回避矛盾，小心谨慎，平平庸庸是一种活法；自讨苦吃，顽强进取，勇于开拓是另一种活法。而所有的成功者的选择，毫无疑问都是属于后一种。

你知道吗，大马哈鱼的繁殖过程十分的惊心动魄。

每当生殖季节来临后，养得膘肥体壮的大马哈鱼们便成群结队的，从深海区域向着适合产卵的内陆江河远程跋涉。在这万里行程中，有无数的艰难险阻，有异常难过的关口。例如，在水深较浅刚能没过河卵石的水湾处，大马哈鱼则只能倾斜着身子，蹭着江底的沙石拼命地挣扎着向前游去，为此它们的身躯会被河床刮划得遍体鳞伤，尽管有些大马哈鱼为此丧失性命，但是其他的大马哈鱼仍是一条接一条经过同伴的尸身，无所畏惧，勇往直前。在历经不可想象的磨难之后，终于到达内陆江河时，奔波疲劳的大马哈鱼差不多都已是伤痕累累了。但它们此刻仍不停歇，忙着在有沙砾的江底掘出洞穴，以便产卵。当大马哈鱼产完卵后便变得体无完肤，面貌皆非，一批批血肉模糊地死去，那个场面是十分的悲惨与壮观。

有位记者前去后台采访芭蕾舞演员，这时正好她在换鞋。当记者看到她的脚面时，心不由得瞬间抽紧发颤。原来，她的十个脚趾上竟然找不到一个完整的脚趾甲盖，在每个脚趾的前端竟是一团模糊的肉球。看到记者的惊讶表情，这位芭蕾舞演员便莞尔一笑，说道："对不起，露丑了。我们所有演员都是如此，这是十几年舞蹈磨出的老茧！"

尽管对方表情十分轻松，但是记者的心情却久久难以平静。他在想：那些在舞台上旋转如蝶，把最美好的艺术享受奉献大众，受到人们羡慕的芭蕾舞演员，竟是用这样惨不忍睹的双脚踩着足尖鞋在跳舞。

此刻，芭蕾舞演员已经换好舞鞋，她一边自如地活动脚尖，一边跟记者说："别看我脚趾的样子很丑陋，可是已经不再会疼痛。记得刚开始练习跳舞时，一场舞跳下来足尖鞋前端总是带着殷红的血迹，没有亲身经历过的人，是绝对体会不到那种钻心疼痛的滋味的。"说完这句话，芭蕾舞演员就登台去了。记者看着她那青春娇美的身影，自言自语道："原来，舞台上那些辉煌瞬间的后面，竟藏着演员数十年的艰辛与磨难，并体现着演员们的勇敢气概和奉献精神。"

当演员再次回到后台时，记者上前问："那你后悔吗？"

芭蕾舞演员眼中闪过一片泪光，非常坦然地说："既然进来了，就没有想着再退出去。在我选择跳芭蕾之前，就早已把全部身心交给了这个事业。这就像是上了一条船，刚起锚就被告知前方并没码头。你所需要的只有勇气，不回头，不停息，甚至连声叹息都没有。我知道，这是条别无选择的不归之路，既然选择了它，就决不言悔。"

指点迷津：大马哈鱼的生命历程是何等的惊心动魄，它们面临数不清的艰难困阻，面临随时有可能失去生命的凶险，毅然决然地只知道向前，再向前，不达目的地绝不罢休。芭蕾舞演员的艺术生涯也可用惊心动魄来形容，他们以肉体近似于被摧残的高昂代价，换取技艺的显著提高，他们那婀娜多姿优美动人的舞步是用伤痕累累的脚趾所表现出来的。可以说，如果没有勇敢的精神和气质，大马哈鱼就不能繁衍后代；芭蕾舞演员就不能登台表演。不归之路，这是多么深刻和形象的比喻呀！当你也同是走上了这条不归之路时，能做到像大马哈鱼那般的勇敢进取，像芭蕾舞演员那般勇于付出吗？你在生活、学习和工作中，也绝不会就是一帆风顺的，也会存在险象环生的困境，对此除了昂首挺胸勇敢迎向前去，再没有第二条途径可供选择。你想要在这样的路上走下去，就需要具备足够的勇气。每逢此刻，你必须在心中告诫自己：勇敢些，再勇敢些！你能行，你肯定能行！你别轻视了那些令人生厌的困难对你勇敢精神历练的重要作用。应该事事都具有永远向前的积极人生态度，由此鼓足一往无前的勇气和激发争创一流的精神。有很多人毕生都不能名列前茅，这是因为他们仅是把这种勇气看作是人生理想，但始终没有采取任何具体行动加以体现。有位哲人说过："无论做什么事情，你的态度就足以决定你的高度。"若是不具备足够的勇气，你的身影也就绝不会在"前茅"出现。

成功秘籍

人们做任何事情，事先都不可能保证会百分之百的成功。有时，成功者和失败者之间的区别，往往并非是因能力的大小，条件的好坏，而是在于是否有足够勇气。例如，敢于肯定自己的判断能力、敢于进行适度的冒险、敢于果断地下决心并果敢采取行动等。

对人而言，不论男女老少每个人本身都具有潜在的勇敢气魄，当遇到困难挫折或受到凌辱压迫时，这种潜在本能便产生巨大能量，会促使人们奋起而进行不屈的顽强抗争。但对此也是因人而异的，有的人将其利用发挥得淋漓尽致，而有的人却终身萎缩很难见得雄起。被誉为音乐天才的贝多芬为人类留下九大交响曲。其实，贝多芬患有对他来说是最为致命的疾病——耳聋，但他仍然以他人少有的勇气突破了这个人为的障碍，为音乐神殿奉献上了自己的杰出才华和艺术作品。他说："自己之所以能够战胜身体残弱，获得成功的原动力是勇气。"

人有多种生活方式可供选择，回避矛盾，小心谨慎，平平庸庸是一种活法；自讨苦吃，顽强进取，勇于开拓是另一种活法。而所有的成功者的选择，毫无疑问都是属于后一种。俗话说得好"困难像弹簧，看你强不强，你强它就弱，你弱它就强。"假如你决意要验证这句话的真实性，那么在你面临实际困难时这个机会就同时到来了。

　　诚然，我们所提倡的勇敢者，绝不包括行为粗野的鲁莽汉。真正的勇敢者应是注重培养取胜心态，稳固地树立必胜信念，善于正确调动与运用自己的勇气，使其在需要之时能淋漓尽致地得以发挥。勇气和耐心就像是对亲兄弟。勇气激励奋进力行，毫无退缩；忍耐确保蓄锐养性，经久不息。若同时具有这两种品行，在人们心目中所展现的便常会是一马平川。勇气不是天生就有的，一个人是可以通过锻炼和培养、通过战胜自我来达到提高自身勇气与胆识的目标的。而获得勇气的最好方法，就是在实践中坚定不移地面对眼前所有困难与失败，不断挑战自身存在的软弱性，鼓足勇气，知难而上，逆行取胜。

咬定青山不放松，立根原在破岩中。千磨万击还坚劲，任尔东南西北风。

郑板桥

21 志当存高远,路自脚下行

自强是指民族、团体或个人自力更生,奋发图强,拼搏向上的精神和意志。《易经·乾》曰:"天行健,君子以自强不息。"《礼记·学记》曰:"知困,然后能自强也。"《宋史·董槐传》曰:"外有敌国,则其计先自强。自强者人畏我,我不畏人。"这些古训都是对自强的论述,且其深刻意义至今仍是经久不衰。

抛砖引玉:成功者和失败者经历同样条件和同样境遇,却有很不一样的结局,这皆是由对待失败的态度所决定的。失败后,有人敢于承担责任,认真总结失败原因,力图重整旗鼓;有人推卸责任,强调客观原因,从此萎靡不振;有人藐视失败,反败为胜;有人害怕失败,临阵脱逃。

既别去以失败论英雄,也别认定就是成者王侯败者寇。那些能够败中犹存者,败中取胜者,这才堪称为真正的英杰。

有位大公司市场部的高级主管，不幸在公司大裁员中被解雇。但是，她并没因此沉沦，反而是把这次变故看作人生的一次"换乘车次"，不像有些同事那样怨天尤人，悲观失望，终日以酒解愁，只是更为积极地去寻求新的发展。

后来有位出版界朋友，在同她闲聊时曾咨询该如何针对化妆行业承揽销售广告业务。她便即刻从这件事中得到极大启发，并发现了其中的发展良机。于是，她就凭借自己那种"聪明购物"的特长，即比较清楚地知道什么样的人喜欢什么样的物品，专为那些消费者提供十分细致详尽的有价值的购物建议，并同时以自己多年销售积累的丰富经验，来具体为他们出谋划策选定最好的、最实际的、最适合的购物方案。结果，经过不懈努力和竞争她终于脱颖而出，不仅名气远近大扬，还从中获得十分丰厚的收入。于是，她的那些原来的同事纷纷上门求教，也想与她一样重新振作起来求得新发展。她便很有感触地对他们说："如果你被裁员，就在心里告诉自己这其实并不可怕，因为它迫使你去改换门庭，东山再起，只要不丢弃自强自立的信念，就总是有可能找到新的发展机遇的。"

人们如果能始终充满热情和信心，以自强不息的斗志投入到生活与工作中去，那么即使他才能平平能力有限，也有可能会逐步地走向成功。曾任美国总统的林肯先生，就出身于贫困的家庭，他的外表也不俊朗，但是他并没有让自己被这等平凡所埋没，且经过一番不懈地奋斗，终于走向了人生的鼎盛与辉煌，成为美国的最高统领者。他在获得巨大成功后常对人们说："我想上帝定是非常喜欢平凡人，不然为什么会造就了如此多的非凡的平凡者？"

指点迷津：就像汽车需要不断加油那样，人生也是需要不断地给予激励。因为，人们由此可获得非凡的自信和足够的勇气。不要让自己困顿于失败之中，使失败得以加倍地毁伤自我，并在危难面前停滞不前；不要让心灵过久浸泡在苦涩之中，那样会使自我丧失体验与追取幸福的能力。其实，你只要抬起头来向前看，哪怕是点滴的成功都有可能成为开启心智与增进信心的宝贵机会。在遭遇失败时，你不妨试着以自强不息的心态，重新去寻找新的定位点，去选择适合自己的路，并尝试在平凡工作中闯出一条能够充分实现自我的路来。尤其是当你被认为是能力较差，又面对较大的困难之时，更不要出于自我而设置心理障碍，别让自己总沉浸在失败的阴影里迷失人生大方向。

抛砖引玉：成功者并不都是上帝的宠儿，成功也不是成功者的人生专利。但是他们比别人更为幸运的是，从失败铺就的道路上从容通过，并顺利走向成功的能力较他人更强些。

有位女大学生毕业后，在离家较远的公司里任职上班。每天都是在清晨7：00前准时赶到专设的接送站点，等候公司专车接送她和其他的同事们上下班。

这天清晨，由于昨夜骤然降温的缘故她起床比平时迟了10多分钟，可就是这区区的10多分钟，却让她为之付出了代价。当她匆忙做完一切并匆忙赶到候车点时，时针已指到7：05，公司的接送专车已经开走了，她只得站在马路边怅然若失地望着身边来来去去的车流和人流。

就在万分的沮丧懊悔之刻，她突然看到公司的那辆天蓝色轿车停在不远的一幢楼前。她想起来曾有同事告诉过她，那是公司上司的专车。她想，这真是天无绝人之路呀。于是，她就径直地向那辆车走去，犹豫片刻之后还是打开车后门悄悄地坐了进去，心中不由得有些得意。

开车的是位面容慈祥的老司机，其实他早从反光镜里注意她多时了。这时，他转过头来对她说："你不应该坐这辆车。"她则答非所问地说："今天天气很糟，可我的运气还算好啊。"

这时，那位上司拿着公文包很快走了过来。待他在前排位置落定后，她这才向他解释自己因误了接送班车，想搭乘这辆车赶去上班。

她在向上司陈述时本以为一切都合乎情理，因此语调十分轻松随便。

不曾想上司听明白之后，用几乎不容申辩的口气说："这不行，你没资格坐这辆车，请你立刻下去！"

她一下就愣住了，这不仅是因为从小到大还没谁对她这样严厉过，还因为在这之前根本没有想过搭坐这辆车会遭到如此的拒绝。按她的性格，理应马上离开这辆车，不屑一顾，拂袖而去。可当她脑中闪现出公司严格的规章制度而她又非常看重眼下自己的这份工作时，于是一反常态，似乎第一次用乞求的语气对上司说："那样，我可能要迟到的，情况特殊，下不为例好吗？"

上司坚定的语气没有一丝一毫的回旋余地："迟到不迟到是你的事，我现在说的是另一码事，请你马上下去！"

她把求助的眼光转向司机，可他这时仅是看着前方一言不发。委屈的泪水在眼眶中打着转，此刻她头脑似乎一片空白，竟然一时不知该如何是好！

经过了短暂的沉默之后，让她想不到的是上司打开车门走了下去。坐在车后座上的她，此时目瞪口呆，眼看着上司在凛冽的寒风中搭乘一辆出租车走了。

见到这种结果，老司机轻轻叹了口气："他就是这样严格的人。时间长了你就会了解他了。其实他这样做完全是为你好！"

老司机接着告诉她，自己也曾迟到过，那天上司并没有因此多等他一分钟，自己打车先走了，事后也不听他任何解释。从那以后，他再也没有迟到过。

她默默地记下了司机的话，悄悄地擦去泪水，自己下车，换乘了一辆出租车。

当她走出出租车踏进公司大门时，上班的钟点正好敲响，也说不清是因为醒悟还是刺激，那一刻她心里第一次对自己充满了无法言语的感动，这是一种成熟和成长的感动，是永生难忘的一次从失败中的起步。

后来她常对人讲，她非常感谢那位不近情理的上司，因为是他给了自己当头一棒的警示，使得她有了两个宝贵的收获：一是自己所犯的错误应想方设法自己去弥补，别人没有理由也没有责任去替你分担。二是任何时候都要正确和勇敢地面对失败，并要敢于通过自己的努力去扭转和解脱它，不要企图对其回避或不承认。

现在的她早已步入白领阶层，初获成功，小有名气。在她心里有个十分清楚的意念，这就是今天的成功可以说是从那次迟到后开始的！

指点迷津：因为误了班车，女员工受到公司领导的非直接的批评，使得她能通过这次小小的失误，给自己上了一堂生动难忘的人生之课。这使她明白了：由自己所犯的错误，就要由自己去加以改正；要敢于面对自己的失误，并及时设法给予更正或解脱，因为只有如此才是自强者的正确心态。她凭着这般醒悟，在日后很快成熟起来并得以很大的进步，也因此获得丰厚的收益。你是怎么来看待这两点的？自强与失误之间的关系有些微妙，你的自信心很足，也具有足够的勇气，可是当出现失误时，信心和勇气就会受到相应打击与挫折。这时只从外因寻找原因，而不是同时从内外因多方面寻找原因，出发点不同它们之间差别也就会很大。如总是偏重强调外因而忽视内因，那么这样的失误今后兴许还会接二连三出现。这是因为，你若没有彻底认清失误原因所在，也就不会有针对性地进行有效防范，当失误再次出现时你照样会对其手足无措。反之，不要害怕有失败出现，权当是在提醒你那些地方需要注意与改进，这样你就能够找到出现问题的漏洞，然后对其及时进行弥补和修正，这样失误就不会再次出现了，即使是再次出现也将被你及时加以制止和纠正。比这更为重要的是，你的自强能力因此得到很大的提高。

抛砖引玉：不论是轰轰烈烈也好，也不论是平平淡淡也罢，只要自强不息，只要自信心还在，只要向前行走的脚步不停，那么都终将因脚踏实地的付出而满足着且快乐着。

在长安城西有家磨坊里，饲养着一匹马和一头驴。马用来在外面拉货车，驴用来在磨坊里拉磨，它们各自都恪尽职守，兢兢业业；它们是同个食槽、同间饲养棚内的好朋友。

贞观三年时，马被选中跟随着玄奘大师一行，前往西域印度取经。

10年之后，马终于驮着许多的佛经返回到长安，并又重回到磨坊见到离别多年的朋友驴。它们经过一番亲热问候后，马便侃侃而谈，对驴说起这次漫漫旅途的种种经历：高入云霄的山岭、覆盖峻峰的冰雪、热海掀起的波澜、浩瀚无边的沙漠……那些神话般的境界，真是何等美妙，何等令人难忘。

驴在听了马的陈述后不觉大为惊异，便叹道："马兄，你现在有多么丰富的见闻呀！走那么遥远的道路，增长如此多的见识，真是叫我羡慕不已，你说的趣闻怪事我连想都不敢想。"

但马则感慨地说："驴弟，其实这些年来我们彼此走过的距离是大体相等的。当我向西域前进的时候，你不是在磨房一刻也没停步嘛。所不同的是，我是跟随着玄奘大师寻求遥远的目标，始终如一向着这个目标前进，所以一路我看到了广阔的世界。而你被蒙住眼睛，一直在围着磨盘打转，所以永远也没机会走出这个狭隘的天地。但是，当我遇到艰难险阻时，当你在此默默无闻地拉磨时，我们谁也没有因此丧失自己的目标，停下过自己的脚步，我们是不是应为这样的自强精神而庆幸？"

指点迷津：通过这则故事，人们能更清楚地看到人生的本质。芸芸众生中，真正的天才与白痴都是极少数，而绝大多数人的智力都相差无几。然而，人们在人生漫长之途中有的功盖天下，有的却碌碌无为。本是智力相同的人，不论他们之间成功有着何等天壤之别，真正的差别则是从丢失了自强自立的信念开始的。你不论是在做什么样的工作，都不要对其妄自菲薄，以至于将自信心和自强能力丢失干净。

不甘心平庸，不甘心落后，不甘心命运的安排，这些原本应是你自强不息精神的体现，实属难能可贵。但是你若在不甘心之后，紧跟着的是自暴自弃，喊冤叫屈，那么就是足可悲哀的事情了。因为那些难能可贵的东西，此刻皆是不见踪影了。

抛砖引玉：当人们在心中为自己设定了奋斗的目标，并且能够持之以恒地持续向前迈进时，人们的生活便就此掀开了崭新的一页。

卡耐基曾对这个世界上万个不同种族、年龄与性别的人进行过一次关于人生目标的调查。在调查后他发现，仅只有3%的人能够明确人生目标，并知道怎样去把目标加以落实；而另外97%的人，要么根本没有目标，要么目标不明确，要么不知道怎样去实现目标。

10年之后，他再次对上述对象进行了调查，这次的调查结果令他吃惊：调查样本总量的5%找不到了，95%的人还在；属于原来97%范围内的人，除了年龄增长10岁以外，在生活、工作、个人成绩上几乎没有太大的起色，还是那么普通与平庸；而原来与众不同的3%，却在各自的领域里自强不息，奋力拼搏，都取得了相当的成功，他们10年前提出的目标，都不同程度得以实现，并还在按原定的人生目标走下去。

原来，杰出人士与平庸之辈最根本的差别，并不在于天赋，也不在于机遇，而是在于有无明确具体的人生目标，并为之自强不息地不懈努力！

指点迷津：你是属于哪一类的？人生目标是每个人都必须有的，但是却不见得每个人就真正确立了自己的人生目标。就好像是人人都知道健康很重要，但是很多人就恰恰是因为忽视了健康，这才导致病入膏肓的结局。你应该对自己的人生目标进行审视，看看是否符合你的实际情况，是否是你所感兴趣并愿意倾力而为之的，是否存在超出个人能力与超出现实的不合理部分，是否缺少长远眼光过于狭隘拘谨，是否华而不实或好高骛远。当这些问题搞清楚了，你再投入自己的努力，自然会稳步地走向成功。

成功秘籍

不论是轰轰烈烈也好，也不论是平平淡淡也罢，只要自强不息，只要自信心还在，只要向前行走的脚步不停，那么都终将因脚踏实地的付出而满足着，并且快乐着。

你也会有这样的经历，每次失误与失败，要么因为这种一次次的打击，让你因此抬不起头来，意志也很快就沉沦下去，埋怨自己的运气不好，甚至于怀疑自身能力；要么因为这种一次次的打击，让你因此越挫越勇，意志与自信心也更为坚定，在每次失败后认真寻找差距，自信自我最终能够从失败的阴影中走出来。所以，你要感谢失败的出现，要善于从失败中学习，善于从失败中获取进步，善于从失败中培养自强不息的能力。

成功者并不都是上帝的宠儿，成功也不是成功者的人生专利。但是他们比别人更为幸运的是，从失败铺就的道路上从容通过，并顺利走向成功的能力似乎较他人更强些。

人们要善于放弃，放弃不美好的体验与记忆；放弃过分在意他人的言行；放弃时时刻刻地与他人进行比较；放弃对过于完美环境的追求。这样一来才能成为名副其实的自强者，并且轻松自如地继续做好其他的事情。

一个人，若不和他人一道组成社会，则无法获得精神、道德、物质上的生存。

（法）勒鲁

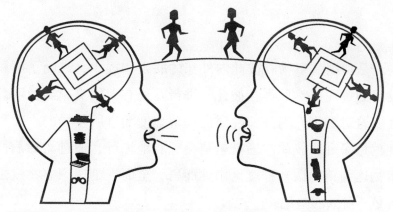

22 沟通是心灵的桥梁,交流是人世的信使

沟通是指揭露事物间彼此内外部的联系和规律,进而了解和认识事物发展的过程,然后再在彼此间进行互通有无的交流与说明。沟通能力是随着对事物间内外部性质的理解程度而有所差异的,对事物理解程度越是深刻,彼此沟通就越是会顺利地进行,通过沟通后彼此均可对事物达到新的认知程度。由此而言,全面深刻认识事物就是沟通过程所必不可缺的基础。

抛砖引玉:沟通总是会和人们的心结、心绪、心事紧密结合。所以,沟通过程也就是人们彼此间心灵上的充分交流,它能为人们架设起沟通和共识的桥梁,使人们的意志、情感、信念得以释怀与熔融。

郭老师近日总是高烧不退,到医院做透视检查,结果发现其胸部有个拳头大小的阴影,医生们都怀疑是肿瘤。

当同事们知道这个不幸的消息后,便纷纷前去医院探视郭老师。

204

探视回来的人说："有个叫王娟的女人，不知是郭老师的什么人，特地从北京赶到唐山来看他。"又有人说："那个叫王娟的女人真的很够意思，成天到晚寸步不离守候在郭老师病床前，并亲自喂水、喂药，甚至于还为他洗涮便盆，看样子跟郭老师绝不是一般的关系呀。"

就这样，前去医院探视的同事几乎每天都能带回些有关王娟的花絮话题，不是说她头碰头异常亲热地在给郭老师试体温，就是说她背着人在为郭老师默默流泪，更有人讲了件令人不可思议的奇事，说郭老师和王娟每人手拿根筷子在敲饭盒玩。王娟要是敲击了多少下，郭老师就同样也会跟随敲击多少下，并且随着敲击声，两个人还会神经兮兮地又是笑又是哭的。有心细的同事还发现，对于王娟和郭老师之间所发生的这一切，郭老师的爱人竟然没有表露出一丝一毫的醋意。于是，就有人毫不掩饰地羡慕起郭老师的"齐人之福"来。

月余之后，郭老师的病得到了最后确诊，有幸的是肿瘤的怀疑被完全排除了。不久，郭老师就又回来上班了。

于是，有些好事的同事终于向郭老师问起了有关王娟的事。

郭老师便非常坦然地对大家讲述了一段十分感人的往事。王娟是我以前的邻居。当年唐山大地震时，她也被埋在废墟下面。虽然人们努力尝试着抬开楼板，但是所有的努力都告失败，于是人们告诉被压在下面的王娟，让她坚持住等待吊车过来救援。

当时听到这个消息后，王娟在下面伤心地哭哑了嗓子，她守着身边已经死去的母亲，内心已经彻底绝望了。天渐渐黑下来，有人互相传说着大地还要塌陷，所以人们纷纷寻找更为安全的栖身之处。当时我没有离开那里，我们家就我自己活着跑了出来，我已把王娟看成是我的亲人，就像王娟也将我看成她的亲人那样。我冲着楼板空隙向下面喊着："王娟天黑了，我会在上面跟你做伴的，你千万别害怕。现在，咱俩用砖敲击楼板，我在上面敲击，你在下面敲击，你敲击几下，我也就敲击几下，让我们开始吧。"就是这样，我们之间相互断断续续地敲击着楼板，用心灵的力量互相鼓励着对方，抚慰着对方。这种敲去一直延续到第二天清晨，终于等来了吊车，王娟得以获救。那年我19岁，而她才11岁。

等郭老师的故事讲完后，人们顿然明白了：生活本身存在的挚爱，比挖空心思的浪漫揣想更迷人。他们之间心灵的沟通，足以克服任何困难，足以超出任何情感。

指点迷津：郭老师与王娟的这种友情，是在那般十分特别的情形下所形成的，所以日后才会有如此特殊的表现。这竟然引起郭老师同事们的羡慕、猜疑、误解。他们二人当年敲击废墟相互鼓励的沟通方式，已经超越了一般意义上的沟通，是心灵与心灵之间的无障碍沟通，它足以克服恐惧、消除焦虑、蔑视死亡。这种沟通使得两人情感上升到更高的境界，纯洁、高尚、忘我。当大家最终知道他们之间的秘密后，便带些愧疚的表情向他们投去十分敬佩的目光。在任何环境下，只要不是个人单身独处，那么就是仅有两个人，也会存在相互间的人际交往，而交往自然是需要双方进行沟通的。人们不妨在生活中通过较多的、较广的、诚意的沟通自我熏陶、自我改善、自我优化，让自身那些优秀秉性与品格得以体现，并随着持续沟通对外加以广泛传播。沟通其实也就是意在互通有无，每个人都有自身的特点与特长，这便为沟通提供了很好的基础。差异就是沟通的基础。砂糖是甜的，精盐是咸的，它们是味道的两极，互为正反。如果是想让食品甜些就要多放些糖，然而事实上若是同时再稍加点盐，反而更能增加食品的甜味。这是因为调和了互为正反的两种味道后，就产生了更加甜美的新鲜滋味，这也正是造物主的绝妙安排。所以，你与其去苦思如何排除挥之不去的东西，还不如去思考如何通过沟通将它们接纳与调和。因为只有如此，才能产生新的美味。为什么有些人在身边有很多朋友，办起任何事来总要比他人更容易、更有效呢？其中部分原因是他非常善于沟通。沟通可以拉近人们之间的距离，沟通可以消除人们之间的不信任，沟通可以使得人们取长补短，沟通可以建立良好的合作关系。你若是想改善自身周边环境，结交更多的朋友，那么就去和大家进行更多的、更广泛、更诚意的沟通吧。

抛砖引玉：巧用一点心意，唤起人们的共鸣，通过良好的沟通来增进对美好事物的共同认识与理解，这样做不仅可使人们享受到环境的清新洁净，同时也保持着心灵的纯真洁净。

有对夫妇旅游中途经路边的餐厅，正值午餐时刻，便停下车来进餐厅去用餐。

在就餐期间，那位太太去洗手间方便。当她推门进入洗手间时，便看见有盆盛开的鲜花被摆在陈旧但却非常雅致的木桌上。洗手间里也被收拾得非常清洁，可以说是一尘不染。那位太太在洗完手后，也就很主动地顺手把洗手台擦拭得干干净净，因为她觉得只有如此礼貌的举动，才会与这等高雅的环境所般配。那位太太在离去前对餐厅老板说，"你在洗手间里所放置的那些鲜花可真漂亮且也很得体。"

老板听到顾客的夸奖后，非常得意地说："太太，非常谢谢您，可是您知道吗，我在那里摆置鲜花已有数十年了。您也绝对想象不到，正是那小小的一盆鲜花，便替我省去了很多清洁洗手间的时间。"

有一天，富翁爸爸带着小儿子去乡下旅行。他之所以这样做，无非是想让自己的儿子去亲自见识一下穷人是怎样生活的，以便能珍惜现在的富有生活。

父子二人驱车来到离城市很远的农场里，并选择在农场最穷的那家人家中，与他们在一起度过了整整一天一夜的时光。

在旅行结束返回家后，父亲便叫来儿子问道："这次农场旅行，你都有哪些实际的切身感受呢？"

儿子则不假思索地回答："我的感觉真是棒极了！真希望还能够再次去那里旅游。"

父亲尽管有些失望，但还是耐心地追问道："通过这次亲身地接触，你大概已经理解了贫穷的真正含义了吧?"

儿子这时便若有所思地说："我想肯定是这样的。我发现咱家里只养着一条狗，可是穷人家里却养着四条狗；咱家仅有一处通向花坛中央的水池，可穷人家门口竟有一条望不到边际的小河；我们的花园里也只有几盏灯，可穷人家的上空却布满闪闪烁烁的夜明星；还有之前我觉得我们家的花园很宽大，可到穷人家却看到差不多整个农场都是他们的花园!"

面对儿子很不满意的表情与陈述，父亲此刻哑然无言。

就在此时儿子接着又开口说道："非常感谢父亲，您让我明白了实际上我们在很多地方显得多么贫穷!"

指点迷津：那位太太在餐厅洗手间的举动，实际就是一次沟通。餐厅老板以优雅环境面对每个顾客，而每个顾客则在这样的环境中产生自觉的心理意念，同样以十分优雅的行为来相对。富翁爸爸和儿子也在进行沟通，爸爸希望儿子通过访问农场的穷人家庭，珍惜眼前的幸福生活。儿子通过自己的接触和认识，也确实看到了自身家庭与穷人家庭的不同，但是他的那般理解和收获似乎早已超出了爸爸的期望。你兴许也产生过类似的想法与做法。不论沟通的形式是怎样的，但沟通总是能够使你从中得到收益与收获。如果你承认人们品性各有差异的客观存在，便会对彼此差异给予理解和适应。你有你的思想方式，他有他的思想方式，若是你与他都互相学习，彼此宽容相待，就能持久保持和睦互利的良好氛围。当然，在进行沟通时是要注意方式方法的，恰当的方法可以增进沟通的顺畅与实效，方法不对则沟通会因此受阻而无法继续进行。

抛砖引玉：在交流与沟通中，不论是与人为善还是相反，都会得到相同的反应。这就如同是在照镜子，虽然镜子里的那个人并不是你自己，但是你的一举一动，都将会从对方的身上毫不走样地被反映出来。

有只狗被领进一间四壁都镶有镜子的屋内，它突然看到同时有很多狗出现，当然它认不出其实这就是它自己。

于是，它便对着镜中的"狗"们龇牙咧嘴，并从喉咙内发出低沉的吼声，以示其领地之主的警告。但镜里的"狗"们，看上去也都是很恼怒，均以同样凶狠的神色和面孔看着它。这只狗见如此境况有些不知所措，便开始对着镜中的每只狗狂吠、扑咬起来，直折腾到自己精疲力竭，倒地而亡。

假如，这狗仅是用好奇的眼光打量着镜中的狗们，并且很友善地摇摇尾巴，那么镜中的"狗们"自然也会用同样友善的样子来回报于它，那样岂不是会出现另外一番景色吗？

指点迷津：人们在处理人际关系与他人进行相互间的沟通时，就如同这只面对镜子的狗那般情景。你是怎样去对待他人的，他人就会怎样来对待于你；你若想让他人对你的态度友好和善些，那你首先就应对他人的态度做到友好与和善。你应该明白不是所有的人都同你一样，你喜爱吃鱼，他却喜爱吃肉，这是不可调和的。虽然人们的嗜好各不相同，但是大家却同在一起进食，这就形成了沟通的基础，建立了沟通的可能，通过沟通便可让每个人都找到所喜爱的东西。

成功秘籍

沟通总是会和人们的心结、心绪、心事紧密结合。所以，沟通过程也就是人们彼此间心灵上的充分交流，它能为人们架设起沟通和共识的桥梁，使人们的意志、情感、信念得以释怀与熔融。俗话说："话有三说，就看你是怎样去说。"这里所指的就是你在表达自己的见解与意见时，要选择自我与他人都接受的方式去进行，偏袒任何一方都不能按预期奏效。

你的意念、语言、行为只有引起他人的兴趣时，才会对其产生较大较深的影响力，假如你的沟通技巧不存在任何问题，那么又何愁得不到他人的积极响应呢。沟通应该讲求实效性，如果实效性很差，则不能够起到很好的作用，那么这样的沟通便会名存实亡。且在某种程度上，还起到了阻隔与抵消沟通的实际作用。巧用一点心意，唤起人们的共鸣，通过良好的沟通来增进对美好事物的共同认识与理解，这样做不仅可使人们享受到环境的清新洁净，同时也保持着心灵的纯真洁净。

在交流与沟通中，不论是与人为善还是相反，都会得到相同的反应。这就如同是在照镜子，虽然镜子里的那个人并不是你自己，但是你的一举一动，都将会从对方的身上毫不走样地被反映出来。

有人谦虚地说："成功不在乎于个人，这是属于整个团队的成功。"你是怎样理解自我与同事的成功呢，是否愿意从内心给他人以热烈的掌声？这种"成人之美"，非但是完美的人际沟通，也是完美的修养，更是完美的品德。互通有无是个很好的形式，可以把各自的特长和优势，通过沟通加以相互影响与传递，这样一来各自所具有的特性便得到深化和优化，可以使弱者变强，强者更强。

要想逃避这个世界，没有比艺术更可靠的途径；
要想同世界结合，也没有比艺术更可靠的途径。

(德) 歌德

23　生活的艺术讲求技巧，技巧创造艺术的生活

　　技巧是指人们在处理各项事务与参与各种活动时，所具备的某种能力，并且通过使用这种能力可以简便地、准确地、完整地、快捷地、高效地达成事物的最佳结果与促进活动的完满进行。技巧不仅是对知识的最好引用，也是对经验的最好体现。有了技巧的帮衬，很多事情做起来就显得轻松自如与得心应手了。

　　抛砖引玉：交际需要沟通，沟通需要说话，而说话需要讲究技巧。具备了说话的技巧，就可顺畅地进行沟通，有了良好的沟通，交际的范围自然就会较为广泛。但是，由于说话的技巧并不简单，所以沟通与交际也就不是件轻易可行的事情了。

　　有个举人经过三科，得到山东某县县令的职位。但是，此人性格孤僻，不善言谈，对于交际之事则更是孤陋寡闻，缺乏必要的技巧。
　　这日，他首次去拜见上司，行过见面礼后竟然不知该说什么话，

沉默了好一会儿，忽然地问道："大人尊姓？"

其上司对此很是吃惊，但出于礼数还是勉强回答："本官姓某。"

县令低头想了很久后说："大人的姓，在百家姓中没有。"

上司这时更加惊异，但还是解释说："我乃旗人，贵县不知道吗？"

县令直起身问道："那么大人是在哪一旗？"

上司回答："正红旗。"

县令则说："正黄旗属最好，大人怎么不在正黄旗？"

上司勃然大怒问道："贵县是哪一省的人？"

县令回答："广西人氏。"

上司则没好气地说："广东最好，那贵县为什么不在广东？"

县令听后吃了一惊，这才发现上司满脸的怒气，便知趣地退了出去。第二天，上司告知他返回县里，贬往学校任职。

究其原因，便是其人不会交往的基本技能，怎能当好一县之主呢。

指点迷津：这位木讷的县令，也许属于那种茶壶里煮饺子，肚中有货的主。但是，他在与上司交谈中的表现，实在是让人大跌眼镜。非但开口话少，而且逻辑混乱，缺少尊重与礼数，这才惹得上司勃然大怒。至于其被贬职，也纯属必然结果。你要重视说话这件事，其实开口说话也是需要有技巧的，哪些话可以说，哪些话不可以说；哪些话必须直说，哪些话不能直说；哪些话在什么场合可以说，在什么场合不可以说，等等，均是有一定的规律与定式的，若是不注意或不知道说错了话，轻则会引起他人的反感，重则还可能会招惹出祸端来。另外，在人际交往中，你对他人的言语、表情、手势、动作及看似不注意的行为，均应进行敏锐细致地体察，这样才能够及时掌握对方意图，并给自我留出见风使舵的充裕时间。要知道人与人之间的交往，恶意易成，好感难建，所以在对人说话时务须谨慎，若是话讲出口便难于再收回了。

抛砖引玉：信任有时就如武士身穿的盔甲那般，具有保护安全的功能。那么，建立彼此间的信任就显得十分重要了。在这方面如果借用娴熟的技巧，将其在适当的时间恰当地使用，则可能不用去做太多的刻意表白，就会获得对方很深的信任。

战国时期，楚王忠臣安陵君很受楚王器重。但他遇事并不张口就说，而是很讲究说话的技巧与时机。有个叫江乙的朋友对他说："你没有一寸土地，也没有至亲骨肉，然而身居高位，享受优厚俸禄，国人见了您，无不整衣跪拜，无不接受您的号令，为您效劳。这是为什么？"

安陵君说："这是大王太抬举我了，不然哪会是这样？"

江乙闻之便不无忧虑地指出："用钱相交的人，钱财一旦用尽，交情也就断了。靠美色相交的人，色衰则情移。因此，狐媚的女子不等卧席磨破，就遭遗弃，得宠的臣子不等车子坐坏，已被驱逐。如今您掌握楚国大权，却没有办法与大王深交，我真暗自替您着急，觉得您的处境太危险了。"

安陵君听后，恍然大悟，便毕恭毕敬地拜问江乙："既然这样，请先生指点迷津。"

江乙说："希望您定要找个机会对大王说愿随大王一起死，以身为大王殉葬。如果您这样说了，或能长久保住权位。"

安陵君说："谨依先生之言。"

但是过了很长时间，安陵君依然没有对楚王提起这话。江乙又去见安陵君说："我对您说的那些话，您为何至今不与楚王说？既然您不用我的计谋，我就再不管了。"

安陵君急忙回答："我怎敢忘却先生的教诲，只是一时还没有合适的机会。"

又过了一段时间，机会终于来了，此时，楚王到云梦泽去打猎，一箭射死一头野牛，百官和护卫欢声雷动，齐声称赞。楚王也很高兴仰天大笑，说："痛快啊！今天的游猎待寡人万岁千秋之后，还有什么人能和我共有今天的快乐呢?"

此时,安陵君抓住机会,泪流满面地走上前说:"臣进宫就与大王共处一席,出宫则与大王同乘一车,如大王万千岁后,我愿随大王奔赴黄泉,变做芦芽为大王阻挡蝼蚁,那便是臣的最大荣幸。"

楚王闻言,大受感动,随即正式设坛册封他为安陵王,并对他是更加宠信了。

指点迷津:安陵君知道自己虽然深得楚王的宠信,但是同时也潜伏着巨大风险,这其中就有来自信任方面的危机。要知道伴君如伴虎,如果楚王哪天因为某些事情对安陵君失去信任,那么轻则可能是被贬被罚,重则可能会丢掉性命。安陵君在朋友的提示下,越来越觉得必须寻找合适的机会,向楚王非常明确地表白自己的忠诚,以缓解这种危机到来的可能。实际,这就是他做人处事的技巧,当他使用这样的技巧抓住机会进行一番自我表白之后,终于得到楚王的加倍宠信,信任危机也随之被化解。你在与领导、同事、朋友、知己交往中,取得对方的信任就是很重要的一件事。领导与同事的信任,将会让你得到相对稳定与和谐的学习、工作环境,能够随时得到他们的帮助与鼓励,能够建立彼此间通畅的沟通,这对你无疑都是极为有利的。朋友与知己的信任,将会让你得到愉悦的生活环境,能够彼此间无障碍互通有无,能够彼此间随时共享快乐,这对你无疑也是极为有利的。建立信任是需要讲究技巧的,不论在大与小的方面,都应给予细致周到的考虑与安排,及时消除那些容易产生误会的苗头,不去做有损于双方互信的事,不时地寻找适当机会去增进双方信任感。有了众人的信任,就相当于很好地把握住身边成功的机会。

抛砖引玉:有时要说真话还的确是很难的事,尤其是在不能随意得罪人的前提下,这时那些真话就如同刺哽在喉是很难说出口的。可是,不讲真话就不会得罪人了吗?其实也并非如此。人们不妨通过某些技巧，既讲了真话，又没有得罪于人，这岂不是两全其美的事吗？

包拯就任开封知府后，要选1位师爷。经过笔试，包拯从上千人中选择了10位很有文才的人。第二个程序是面试，包拯把他们一个个叫进去，随口出题，当面回答。

包拯面试题目出得很特别，前面9个一一进去后，包拯指着自己的脸对他们说："你看我长得怎么样？"那前九个抬头一看包拯的脸后，吓了一跳：头和脸均如烟熏火燎般的黑。乍看上去，简直就像个黑坛子放在肩上，两只眼睛大而圆，且要瞪起眼来，白眼珠多，黑眼珠少。他们想，如果把他的模样如实讲出来，那他一定会火冒三丈，哪还能当师爷，说不定还要遭到责打呢！还不如遵守常道，恭维一番，讨他个喜欢完事大吉。于是个个恭维他眼如明星，眉似弯月，面色白里透红，纯粹是副清官相貌。气得包拯将他们一个个赶走了。

第十个应试者进来了，包拯还是问同样的问题。那个人向包拯打量了一番，说道："老爷的容貌吗！脸如坛子，面色似锅底，不仅说不上俊美，实在该说是丑陋无比。特别是两眼一瞪，还有几分吓人呢！"包拯一听故意把脸一沉，喝道："放肆，你竟敢这样说起本官来了，难道就不怕本官怪罪你吗？"那人答道："老爷您别生气，小人深信只有诚实的人才可靠。老爷的脸本来就是黑的，难道别人说一声美就美了吗？老爷虽然相貌丑陋，但心如明镜，忠君爱民，天下人皆知包青天的美名。难道老爷没有见过白脸奸臣吗？"一席话说得包拯大喜，即日便任命他为师爷。

这个应聘者之所以成为10位才子中的幸运者，是因为他的赞美更加有技巧与更加远见，足见其洞察力不一般。通过对他人真诚的赞美，由缺点推到优点，最终成为能承担重任的人。

指点迷津：包拯是出了名的铁面无私，要做他的下属便是件很不容易的事情。前面应试的那些才子，或是因为心存顾虑不敢说实话，或是因为惯于官场的吹捧，这才被包拯无情地淘汰掉。最后这位才子，与前几位明显不同，他敢讲真话指出包拯不但脸黑而且丑陋，随后又把对包拯评论的重点全放在了其特长之上，在毫无吹捧之意的前提下，称赞了他心如明镜，忠君爱民的为官正气，于是其坦诚直率的态度得到了充分肯定，并终于成为包拯身边的师爷。无论何等情况下，你在接人待物时都要与之诚心相对。可能，包括领导在内很多人都喜好听赞美的话，而不喜欢听批评的话。那么，为了不去得罪人有时不得不讲些违心的、言不由衷的话去应付局面，其实当这些话说出去后，未必就能够将对方哄住。如此，也不见得你就能顺利摆脱身边的那些个麻烦，相反还可能会引起他人对你诚信的疑虑，并对你多加防备或产生更深的隔阂。所以，你应该向最后的这位才子那样，善于运用相应的技巧既说真话，又不得罪人，更不会因此招惹嫌疑，清清白白地做人，稳稳当当地做事。

成功秘籍

人们想成就大业，就必须具备成就大业的魄力与能力，这将使人们去努力掌握更多的职业灵感与从业技巧，如此一来再去做任何事便总是胜人一筹。例如，曾国藩的从业技巧体现在两点：其一是自我担当困难，不向他人推诿责任；其二是不贪功抢功，愿意与众人去分享功劳。前者不推，是因为这种事明摆着绝没有人会去主动争抢的；后者不抢，是因为这种事明摆着绝没有人会去主动退让的。可以看出，凡是众人不情愿去做的事情，而曾国藩却能将其视为自我的立身之本，这等的与众不同体现着高尚与智慧，同时也是为什么他能身为朝廷重臣，栖身于军政两重职位上，却很少见有宿敌与其作对的根本原因。其实，要做到"不推"与"不抢"是很难的。人们必须具备正确的学习与工作的态度，具有坚定的自信心和责任感，具备艰苦奋斗与谦虚谨慎的作风，这样才会主动地"不推"与"不抢"。谁若是拥有了这样的从业技巧，那么成功便会离其身边很近。

信任如同武士身穿盔甲那般，具有防护的功能。那么，人们彼此间建立信任就显得十分重要了。人们如能借用娴熟技巧将其在适当的时间恰当地使用，则可能不需要做太多刻意表白，就会获得对方很深的信任。人们进行交际时需要沟通，而沟通则需要说话，要说话便需要讲究技巧。如果具备了娴熟的说话技巧，方能顺畅地进行沟通，有了良好的沟通，交际的范围自然就会较为广泛了。

人的情感特别是单方相思的那种情感，自然也是需要去执意追逐的。只有当你向对方抛出了天罗地网，才有可能抓住对方的那颗芳心。但是这样的天罗地网并非随意就能形成的，必须具有高超的技巧方可真正奏效。有时要说真话还的确是很难的事，尤其是在不能得罪人前提下，这时讲真话就如有刺于喉很难说出口。其实人们可以通过某些技巧，既讲了真话，又不会去得罪于人，这岂不是两全其美的事吗？

慈悲不是出于勉强，它是像甘露一样从天上降下尘世；它不但给幸福于受施的人，同样给幸福于施与的人。

（英）莎士比亚

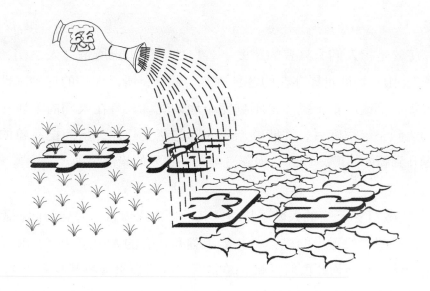

24 慈悲济世储积温良性情，宽恕待人显见恭敬善意

慈善是指人们所具有的慈爱、善良的本性，正所谓"人之初，性本善"。由于物欲世界存在的各种诱惑与邪念，所以人们的这种本性会被严重压抑或严重干扰而得不到完全地体现。只有在人们的素质和修养均达到一定程度后，才能够产生深厚的慈爱心怀，从而把慈善的本性提升到新的高度，达到心地善良与情怀慈爱的崇高境地。

抛砖引玉：有的人做了错事，其后便对之悔过，并会为此忐忑不安，总是想寻找适当的机会将其给予弥补。有的人做了错事，其后便对之否认，并会为此百般抵赖，总是想寻找适当机会将其嫁祸于他人。两种不同的处事方式，反映了两种不同的心态，前者充满慈爱的心怀，后者的心怀则尽被邪恶侵占。

就在冯毅 15 岁那年，他邻居的一位老妇人给他上了堂非常深刻难忘的人生之课。虽然其后事隔几十年，他早已记不起老人的姓名和容

貌了，但是对那次经历却深深铭记，不能忘怀。

那是个风和日丽的午后，冯毅和弄里的一群小伙伴们，各自躲藏在邻居老妇人后院的墙角和树后面，朝着她家的屋顶扔石头玩。他们饶有兴趣地看着扔上屋顶的石头又从屋顶边缘滚落下来，就像是从炮膛中被射出的炮弹，又像是彗星从天而降，总之大家玩得十分的开心。

此刻，冯毅又在地面捡起块表面光滑的石头，然后用力把它向屋顶掷了出去。也许是因为石头太滑了，也许是用力较小，总之当石头掷出去后在空中划出一道弧线，最后竟然直接砸在了老妇人家的一扇玻璃窗上。当他们听到玻璃破碎的声音后，都知道这下闯大祸了，于是大伙就像受惊的兔子般，纷纷从老妇人后院飞快地逃散开了。

那天晚上，冯毅是在惊慌不安之中度过的。他十分担心老妇人会找上家门来，当着家人的面数落斥责他。可是，出乎意料的是老妇人竟没有出现。而且接着很多天过去了，老妇人那里还是任何动静也没有，就好像根本没有发生过什么事情一样。虽然事情算是平息下来，但冯毅从内心总感觉到有些惴惴不安的，他已经意识到自己的恶作剧很对不起老妇人。每天当他在路上遇见她时，老妇人依然总是面带慈祥的微笑和他打招呼问好，这让冯毅更加感到十分的愧疚和十分的不自在。

于是，冯毅决定把自己平时的零用钱全部都积攒下来，为老妇人修好那扇被石头砸碎的玻璃窗。3个星期过去了，冯毅好不容易攒够了买玻璃及修理窗户的钱。于是，他把这些钱和一张便条一起放在信封里，并在便条上向老妇人解释清楚事情的由来和原委，并向她表示道歉，注明这些钱是专为修理窗户的赔偿。

等到天黑后，冯毅悄悄地来到老妇人家门前，把那封信投进她家的信箱里。这时，他才有了种赎罪后彻底解脱的感觉，心情顿时就轻松了许多，他在想明天我可以正眼看着老妇人那微笑的眼睛了。

第二天，冯毅特意站在院子里迎候老妇人，准备用自己的微笑坦然回报她亲切温和的微笑。谁知老妇人向冯毅互致问候之后，便对他说道："孩子，我有点小礼品送给你。"冯毅双手接过看时，这才知道是一袋饼干，就向她表示了谢意，然后边吃着饼干边向学校走去。

当袋内的饼干快吃完时，冯毅突然发现里面还有个信封，于是他把它拿出来打开看，不觉得被惊呆了。原来，信封里面装着他赔偿给老妇人的钱和另一张便条，便条上面留着的字迹是这样写的：其实，我早已知道那天发生的一切。孩子，我真的很为你而骄傲。因为，你不但是个勇于承认错误的孩子，而且还是个充满慈爱之心的好孩子。

指点迷津：冯毅虽然还是个淘气且爱闯祸的孩子，但是他所具有的慈爱本性，使得他在犯了错误之后能对其悔悟，并以实际行动来加以弥补。他的表现被同样具有慈爱之心的老妇人所认同，老妇人并没有去过多地刻意责备于他，这是因为在她看来这些孩子幼稚顽皮的举动，是人成长过程的必然经历，重要的不是横加指责而是由其自我感受和自我改过。发生矛盾后，双方均在爱心的引导下主动承担了相应的责任，于是不但风平浪静还彼此收到对方爱心的表达。你对他人施以爱心，那么首先要做到的就是善良和宽容。因为爱心的举动，一般均出自于心甘情愿，均来源于抑制自我。你若是善于了解人意，善于体恤他人，善于扶弱济困；你若是不计较名利，不自私自利，不狭隘自爱，那么不论在任何情况下，都会在适当与需要的时候挺身而出，对他人充分表达自己的爱心。

抛砖引玉：在当今物欲横流的人世间，欲望与诱惑将人们紧紧包裹在其中，假如你能够做到：不忤于细，该舍弃的就勇于舍去；进退沉浮，不让自己去纠缠于既得利益；恕人自严，用慈爱心怀对待世事，尤其是对待自身对立面甚至于是死硬对手。那你自然会因为人格的力量，战胜一切，成为最成功的人。

有位穿着时髦且留着长辫子的漂亮姑娘，来到公共汽车站乘车。

她人站在那里仿佛就是道风景线，吸引招惹众多人的注目。当车进站后，因为人多这位漂亮姑娘就和其他人一样向车上挤去。好不容易挤上车后，漂亮姑娘就觉得自己身后的长辫子似乎被什么拉住了，她使劲向前伸了伸身体，但是觉得很沉根本拉不动，感觉就好像是被后面的人紧紧拽着不放一般。于是她猛的回转身来，随手就给了紧跟自己身后的那人一记耳光。天那！当她定神细看被打者时，发现他居然是个穿着军装的小士兵！

只见那挨打的小士兵一声没吭，只是红着脸对着漂亮姑娘苦涩地撇嘴笑了笑。于是，漂亮姑娘更为气恼，狠声狠气地冲着他的笑脸骂了句"臭流氓"，一挥手又给了小士兵一记耳光，这次小士兵虽然躲闪了过去，但仍然没有动怒生气，还是红着脸用手赶紧指了指紧闭的车门处：原来，漂亮姑娘的长辫子是被牢牢夹在了车门缝中。

这次，漂亮姑娘的脸突然泛起了绯红，她想张开口说些什么，可竟然一时语塞，偏偏一句话也说不出来。那小士兵仍只是看了看她，微微地点了点头表达着自己的善解之意。而且，仿佛是为了不让漂亮姑娘再继续难为情下去，车到下站刚停下来小士兵就下了车头也不回地离去了。看着小士兵离去的身影，漂亮姑娘的眼眶中不由得充满泪水，惭愧万分……

谁也不知道，经历了此事后这位有高傲脾气的漂亮姑娘今后会有什么变化。但可以肯定的是，即使走到天涯海角，地老天荒，她兴许也不会轻易忘记小士兵那张略带指印的，始终保持着微笑的脸庞。

小士兵的慈爱之心是高贵的，而且这种高贵是不声不响，不显不露的！正因为如此，才会对人们产生惊心动魄般的强力震撼。

指点迷津：小士兵被漂亮姑娘所误解，并且人身还因此受到错误的报复，要是素质不高的人，哪能忍受得了这般的屈辱，肯定会爆发一场更大的争执。可是，小士兵仅是以微笑处置了这个误会，然后就像没发生任何事那样离去了。漂亮姑娘为此深感愧疚，此刻她的心情要比刚上车那时更为糟糕，因为前面她是被欺辱者，而后面她却成为欺辱人者。假如她也具有慈爱心怀，那么她定会因为失去任何道歉的机会而遗憾毕生。你也许会遇到这样的情况，将会如何去做呢？很明显这类事发生后，一边是私己利益，一边是他人利益。很多人在个人利益受到威胁时，均会想方设法去加以维护。但是，当个人和他人利益同时受到威胁时，应该侧重于维护何方的利益呢？面临这样的选择实际就是在对你的爱心进行着考验。你能够像小战士那般去做，那么你就会顺利通过考验，而那个漂亮姑娘事后那般追悔莫及的自责，也就根本不会出现在你的身上。

抛砖引玉： 在十分凶险的状态下，有时绝地反击并非需要大动干戈。其实，人们的善良和诚意也是具有很强的防御能力的。不论境况将出现什么样的变化，邪不压正，慈爱心怀始终必将压倒邪恶之念，这一点是绝不会发生任何变化的。

当电梯门自动打开时，等候在门边的中年男人和年轻小伙子先后走了进去，电梯门随即关闭开始上升。这时，一个突发事件出现了。只见那小伙子猛然从怀中掏出把尖刀，抢步上前逼住了中年人，并异常紧张地喝令他交出手中的皮包和身上的钱物，中年人这时马上意识到自己遭遇了歹徒抢劫。

这位中年人是当地享有很高名望的医生，他对这个突如其来的事变，亦保持着十分冷静的心态。他一面准备交出自己的皮包，一面仔细地打量着眼前这位打劫者。结果，他发现这个年轻人外表看上去并不像是凶恶歹人，而且说话时声音颤抖显得十分惊慌，根本就不像是个劫财惯匪。于是，他就关切地对他说："小伙子，你如果真的是缺钱用我可以给你一些，但你根本没必要干这种犯罪的傻事。你现在还很年轻应该学走正道，千万别因一时糊涂误了自己的一生。"对面那个小伙子听了医生这般话后，眼光中的凶杀气顿时全部消失了。相持数秒后，他手中的刀尖也渐渐垂了下去。医生见到如此情况，就又继续带有诚意的多劝导了几句。谁知，这时小伙子丢下了手中的尖刀，双手捂脸蹲在原地失声哭了起来。

经过简单盘问，医生得知小伙子原来是从农村来的打工者，在城里给人家干活，虽然非常勤奋卖力的工作但总是上当受骗，因此没有挣下多少钱。眼下跟自己一起出来的弟弟又得了病无钱去医院，情急与无奈之下，他便选择了这种铤而走险的办法，想抢点钱先给弟弟治病。医生弯下腰去把刀拾起递给小伙子，然后从口袋里掏出2000块钱交到小伙子手中，对他说："这钱你先拿去为弟弟治病，我也不会把刚才发生的事报案。但你要记住，今后无论遇到什么样的困难，都应该通过正当途径去解决，千万不能再走这种自毁人生的歪门邪道。那样，非但解决不了问题，反而还会毁了你的一生。"医生还同时把自己的名片递给了小伙子，让他带上弟弟来找自己看病。

小伙子从名片知道面前的人就是非常有名的医生时，带着悔恨和惭愧的神情，向他深深地鞠躬三次，然后轻声说："医生，你是我的大恩人，我从你身上学到了该怎样做人，我保证今后不会再干这种事了。"

后来，小伙子又回到农村，并且在医生的资助和协助下走上了靠辛勤劳动致富的光明大道。医生用自己博大的慈爱之心，使小伙子从危险的绝境中走了出来，并洗心革面开始了全新的生活。

指点迷津：小伙子在情急之下，不慎即将走上犯罪的道路，这是多么不幸的事情。但是，他也是幸运的。因为，他正巧碰上了具有深厚的慈爱心怀且非常善于用正确人生理念教育开导人的医生。短兵相接，医生正气凛然，以诚相待，善解人意；小伙子心虚胆怯，犹豫彷徨，一触即溃。所以，医生就成功避免了危机的发生，并将小伙子从十分危险的境地挽救出来，再次地演绎了爱心必能战胜邪恶的善举。你也许听到有人说：没有爱心，也别有恶意。实际这句话是出于善意的，但也属于站不住脚的妄谈。因为，对人对事的态度非此即彼，有爱心就不会有恶意，反之没有爱心就会存有恶意。例如，有人开车撞人后，不是考虑如何救人，而是考虑如何逃避责任。这样的人当然缺少爱心，所以才会毫无人性地将已经受伤的不幸者置于死地。假如他是个具有爱心的人，那么事情就会是另一种结局了。所以，你应该对那些较易滋生恶意的不良习性进行自我检点，对其多加防范，随时提醒自我用爱心来对待所有的事情。这样，在你身边就会存有很多的爱，不会轻易地被邪念所诱惑而做出终生后悔的错事来。

抛砖引玉：对于眼前那些既得利益，人们对之可以做出多种选择，或者完全占有视为私己之物，或者部分占有视为辛劳之酬，或者与众同享视为上帝赐予。假如是从慈爱的视角来看，后两种选择是值得人们推崇的，因为若是过于自私也就不再会存有真爱了。

有个韩国家庭里，有三个儿子。有次亲戚们送给这家两大筐苹果，其中一筐是刚成熟的，可以储存一段时间再吃；另一筐是已完全熟透的，如果不在三天内吃掉，就会变质腐烂。于是，父亲便把三个孩子都叫过来对他们说："孩子们，你们说说看是怎样的吃法，才不至于浪费任何一个苹果呢？"

大儿子抢先说："当然是先吃熟透了的，因为这些苹果是放不过三天的。"父亲显然不很满意大儿子的建议，就摇着头说道："那么，等我们吃完这些苹果后，另外的那筐不是也要开始腐烂了吗？这样一来，我们吃到嘴里的始终不是新鲜的苹果。"

这时，二儿子又想了想便开口说："如果这样，那就应该先吃刚成熟的那一筐苹果，拣好的新鲜苹果总不会错吧！"父亲依然不很满意二儿子的建议，还是摇着头说："如果这样，那么熟透的那筐苹果不是就白白浪费了吗？这样你不觉得可惜吗？"

父亲边训斥二儿子一时冲动，边把目光转向了小儿子，开口问道："不知你有什么更好的办法？"

小儿子见父亲问到自己，便略微思索了一下说道："我们最好把这些苹果混在一起，然后将其中部分拿去分给那些邻居们，请他们也来品尝这些苹果，这样就不会浪费任何一个苹果了。"父亲听了之后，非常满意地点点头，微笑着说："嗯，很不错，这的确是个很好、很聪明的办法。那就按你的想法去做吧。"

　　多年之后，这个选择把苹果分给邻居吃的，具有仁慈爱心的孩子，十分荣幸地当选为联合国秘书长，他的名字叫做潘基文。

　　指点迷津：同是去处理一件事，有人仅是在那里就事论事，所以其抉择时也就会是缺少全面和独到的眼光，最终事情也不能得以妥善完美的解决。有人心存慈爱，因此会从更高远的视角去看待问题，能够从更为广泛、更有实际意义、更多途径有效解决实际问题，所以他的抉择便得到人们的赞同。用你的爱心去关爱你身边的每一个人，你就会有很多美好的收获，你也将会是这个世界上最幸福的人。因为爱是一种给予，你只有无私地将爱付出后，才能收获到很多快乐和幸福。你或许知道心存爱心者，身边定会有很多朋友，也定会在人生道路上得到更多爱心关怀。如此一来，取得更大成就的希望就增加了许多。

成功秘籍

　　爱是所有动物的本能，慈爱是人类上升到更高层次、更高境界的情感。慈爱能给人带来的不仅是情感的极大慰藉，还会给人以心智的启迪，并将慈爱这样的无私情怀真实诚意地传递给所有受惠者，使得每个人都能够深刻感受到慈爱的温暖与幸福。

　　人们要学会执着地热爱自己的事业，用诚挚的心去投入自己的事业，然后把自己全部的慈爱倾注于产品之中，以此使人们充分享受到因为这份爱所奉献出的方便、安全、满意的优质服务。

有的人做了错事，其后便对之悔过，并会为此忐忑不安，总是想寻找适当的机会将其给予弥补。有的人做了错事，其后便对之否认，并会为此百般抵赖，总是想寻找适当机会将其嫁祸于他人。两种不同的处事方式，反映了两种不同的心态，前者充满慈爱心怀，后者心怀则被邪恶侵占。

　　在十分凶险的状态下，有时绝地反击并非需要大动干戈，这时仁爱之心则代表着并发挥着某种不可替代的决定性作用。其实，人们的善良和诚意也是具有很强的防御能力的。不论境况将出现什么样的变化，邪不压正，慈爱心怀始终必将压倒邪恶之念，这一点是绝不会发生任何变化的。

　　对于眼前的那些既得利益，拥有者对之可以做出多种的选择，或者完全占有视为私己之物，或者部分占有视为辛劳之酬，或者与众同享视为上帝赐予。假如从慈爱的视角来看，后两种选择是值得推崇的，因为若是过于自私也就不会再有真爱了。

　　在当今物欲横流的人世间，欲望与诱惑将人们紧紧包裹在其中，假如你能够做到：不忤于细，该舍弃的就勇于舍去；进退沉浮，不去纠缠于既得利益；恕人自严，用慈爱心怀对待世事，尤其是对待自身对立面甚至于是死硬对手，那你自然会因为人格的力量，战胜一切，成为最成功的人。

后　记

　　有位哲人曾说："你的心态就是你真正的主人。要么你去驾驭命运，要么任由命运来驾驭你，究竟谁是'骑手'则由心态来决定。"人是社会的基本分子，而心态就是人们生活的基本调值。对每个人来说，若是拥有了那种阳光般的良好心态，不仅将关系到个人人生轨迹的细枝末节，还将会随个人角色的活动辐射到身边每个角落。对人生来说，若是拥有了健全的心态，就会拥有健全的人生，而健全的人生本就是一种成功。

　　人生的态度就像是块磁铁，不论人们的思想是正面的还是负面的，都要受到它的吸附。而人的思想就像是车轮一般，会促使人们朝着特定方向前行。虽然人们无法完全改变自我人生，但是却可以改变自身的人生观；虽然人们无法完全改变生存环境，但是却可以改变自我的心境。无论身处什么环境，经历什么样的历程，都要善于用敏感的心去捕捉灵感，用智慧的心去体味人生的真谛。

　　在激烈的人生竞争中，不论面对着何等的境况都千万要牢记，输掉什么也别输掉你思想的灵魂！调整和保持好心态，用心营造今天，抓住每个成功的机会，把握好今天的一切；让脚跟立足希望的田野，用心营造未来，鼓足勇气面对人生所有的挑战，逐步走向最终的成功。

2014 年元月